下一代互联网

IPv6 技术应用

李明志◎著

长江出版传媒

湖北科学技术出版社

图书在版编目（CIP）数据

下一代互联网 IPv6 技术应用研究 / 李明志著 . —武汉：湖北
科学技术出版社 ,2024.6

ISBN 978-7-5706-3060-8

Ⅰ . ①下… Ⅱ . ①李… Ⅲ . ①计算机网络－通信协议－
职业教育－教材 Ⅳ . ① TN915.04

中国国家版本馆 CIP 数据核字（2024）第 007729 号

下一代互联网 IPv6 技术应用研究
XIAYIDAI HULIANWANG IPv6 JISHU YINGYONG YANJIU

责任编辑：刘志敏
责任校对：陈横宇　　　　　　　　　　　　　　　封面设计：张子容

出版发行：湖北科学技术出版社
地　　　址：武汉市雄楚大街 268 号（湖北出版文化城 B 座 13—14 层）
电　　　话：027-87679468　　　　　　　　　　　邮　　编：430070

印　　　刷：武汉科源印刷设计有限公司　　　　　邮　　编：430299

710×1000　　　　1/16　　　　　　　　17.5 印张　　　　270 千字
2024 年 6 月第 1 版　　　　　　　　　　2024 年 6 月第 1 次印刷
定　　价：68.00 元

序

IPv6 之于 IPv4，在地址空间、地址结构以及地址的表示方法上，是两套不同的体系，或者说，它们来自两个不同的世界。IPv4 世界里，你很熟悉的 ARP 协议、ARP 表、报文头、NAT 技术等等，如果套在 IPv6 世界里，你会发现，统统都失效。甚至于你对传统意义上主机 IPv4 默认网关的理解，与主机 IPv6 默认网关都不一样。

我想，以上均是让你对 IPv6 技术与应用望而却步的原因。

你首先得清空脑海中 IPv4 传统意义上的概念，摈弃 IPv4 相关的知识储备。因为对一门新技术的学习与掌握，往往不是知识的储备，概念的叠加，而是思路与方法。

IPv6 尚未全面普及，很多人都是在需要时，拿来突击学一学，充充电，似乎可以开得动了。不需要时，又重新长满了蜘蛛网。

碎片化、鸡汤式学习，往往让你处于迷茫当中。比如你刷微博、微信、抖音，总感觉时间过得很快，日复一日，年复一年，回头看，你，依然在原地。

是啊，掌握一门技术，需要遵循一定的规律，步步为营，水到渠成。

想想那些你一生难以忘却的，往往是年少时读过的金庸武侠小说。人物，情节，武艺的一招一式，都记得十分清楚。

前提是，你得有兴趣，其次你得有这么一本书，再次这本书里还得有让人过目难忘的人物与故事。

本书根植学习 IPv6 技术的思路与方法而非标准答案。

有些具体问题，你或许能在本书中找到答案，而影响你的往往是解决问题的思路与方法。

基于篇幅，也基于本人的能力有限，瑕疵在所难免，欢迎读者批评指正。

感谢开源开放的 H3C 技术公司的 HCL 模拟平台、GNS3 网络虚拟软件、CISCO IOS 软件以及 CISCO、H3C 技术公司开放的技术文档。

感谢技术指导李清华，还有他的得意门生，现任锐捷网络有限公司首席解决方案专家吕保慨，他们为本书提供了很多建设性意见。

李明志

2023 年 6 月

目 录 contents

第1章　HCL与GNS3的基本操作

1.1　HCL基本操作

1.1.1　HCL工作台简介

本章帮助您了解工作台的使用，工作台如图 1.1 所示，用户在此区域通过添加设备、连线和图形等元素组建虚拟网络。

为便于区分工作台中的不同设备类型，HCL使用不同的图标表示 7 类设备，如图 1.2 所示依次为 DIY、路由器、交换机、本地主机、远端

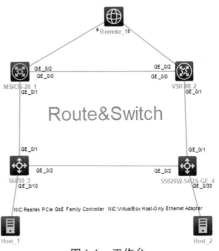

图 1.1　工作台

虚拟网络代理、防火墙、虚拟主机。停止状态的设备图标内部图案显示为白色（设备 S6850_3、S5820V2-54QS-GE_4、VSR-88_2、Remote_1），运行状态的设备图标内部图案为绿色（设备 MSR36-20_1、Host_1、Host_2），当前选中的设备背景为蓝色，未选中设备背景为黑色。

DIY-TEST_1　MSR36-20_1 VSR-88_6　S5820V2-54QS-GE_2　S6850_3

Host_1　　Remote_1　F1060_3　　　F1090_4　　　PC_5

图 1.2　设备图标

鼠标悬停在设备上可以显示关于设备的更多信息，如图 1.3 所示。

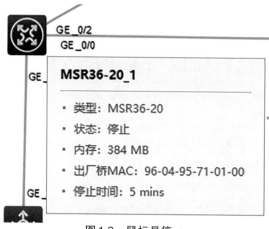

图1.3　鼠标悬停

在工作台右键单击设备，弹出右键菜单，在该菜单中选择操作选项对设备进行操作。若设备处于停止状态，右键菜单如图1.4所示；若设备处于运行状态，右键菜单如图1.5所示。

图1.4　停止状态右键菜单

图1.5　运行状态右键菜单

●启动、停止。设备停止状态下点击"启动"菜单项来启动设备，设备运行状态下，点击"停止"菜单项，停止运行设备。

●配置。点击"配置"弹出该设备型号的对话框，如图1.6所示，为MSR36-20_1设备（S6850设备类似）的配置页面。移动内存控制条可以设置设备的内存大小。

配置
MSR36-20_1 (MSR36-20)
接口类型 槽位号/端口号
S1/0 S2/0
S3/0 S4/0
G5/0 G5/1
G6/0 G6/1
交、直流电源控制
G0/0 G0/1 G0/2
MSR3600系列多业务路由器既可作为中小企业的出口路由器，也可以作为政府或企业的分支接入路由器，还可以作为企业网VPN、NAT、IPSec等业务网关使用。
设备信息
内存
384
M
确认

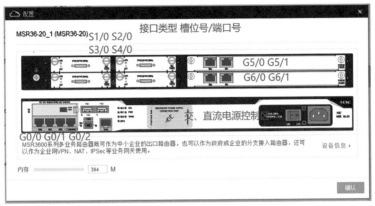

图1.6 MSR36-20_1设备配置界面

● 启动命令行终端。出现设备的启动界面，设备启动完成之后，提示按CTRL_C或者CTRL_D，回车ENTER，完成设备启动，进入设备的用户视图模式。如图1.7所示。

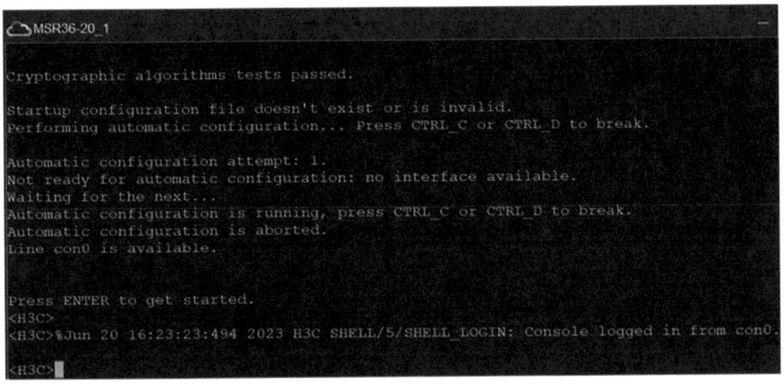

MSR36-20_1
Cryptographic algorithms tests passed.
Startup configuration file doesn't exist or is invalid.
Performing automatic configuration... Press CTRL_C or CTRL_D to break.
Automatic configuration attempt: 1.
Not ready for automatic configuration: no interface available.
Waiting for the next...
Automatic configuration is running, press CTRL_C or CTRL_D to break.
Automatic configuration is aborted.
Line con0 is available.
Press ENTER to get started.
<H3C>
<H3C>%Jun 20 16:23:23:494 2023 H3C SHELL/5/SHELL_LOGIN: Console logged in from con0.
<H3C>

图1.7 启动命令行终端

● 添加文本注释。点击图形绘制区的“添加文本注释”图标，然后在工作台的空白区域单击，即可在此位置添加文本，右击文本区域，弹出如图1.8所示右键菜单，选择菜单项可对文本进行操作。

hello,word
风格
复制
删除
下降一层
上升一层

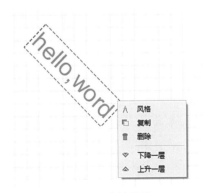

图1.8 右键菜单

1.1.2　设备选择区

设备选择区的使用，包括以下主要内容：

DIY、路由器、交换机、防火墙、终端、连线。

如图1.9所示，设备选择区从上到下包含DIY、路由器、交换机、防火墙、终端五类设备和连线。

图1.9　设备选择区

1.路由器

点击设备选择区的路由器图标，弹出如图1.10所示的路由器设备类型列表，HCL V5.3.0目前支持模拟MSR36-20、VSR-88型号路由器。

2.交换机

点击设备选择区的交换机图标，弹出如图1.11所示的交换机设备类型列表，HCL V5.3.0目前支持模拟S5820V2-54QS-GE、S6850型号交换机。

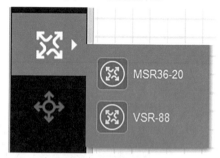

图1.10　路由器型号

3.防火墙

点击设备选择区的防火墙图标，弹出如图1.12所示的防火墙设备类型列表，HCL V5.3.0目前支持模拟F1060、F1090型号防火墙。

4.终端设备

点击设备选择区的终端图标，弹出如图1.13所示的终端类型列表，包含本地主机（Host）、远端虚拟网络代理（Remote）、虚拟主机（PC）、服务

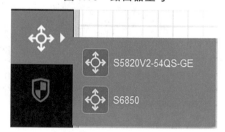

图1.11　交换机型号

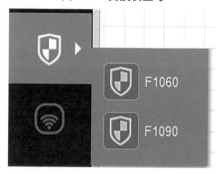

图1.12　防火墙

器（Server）、无线终端（Phone）。

图1.13　终端

（1）本地主机

本地主机即HCL软件运行的宿主机，在工作台添加本地主机后便将宿主机虚拟化成一台虚拟网络中的主机设备。如图1.14所示，工作台中的主机网卡与宿主机的真实网卡相同，通过将主机网卡和虚拟设备的接口进行连接，实现宿主机与虚拟网络的通信。

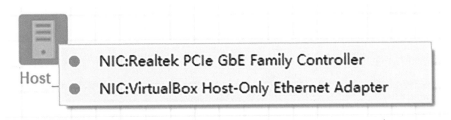

图1.14　本地主机网卡

（2）虚拟主机

虚拟主机即HCL软件运行的模拟PC功能的设备，在工作台添加虚拟主机后便模拟出了一款PC设备。虚拟主机可以直接和设备进行连线。

在虚拟主机启动后，通过右键菜单的"配置"选项可以打开如图1.15所示的虚拟主机配置窗口。在该窗口可以设置接口的可用状态以及选择静态或DHCP方式配置接口的IPv4地址、IPv6地址和网关。

图1.15　虚拟主机配置窗口

（3）远端虚拟网络代理

📖 **说明**

要使虚拟网络间连接成功，要求虚拟网络所在的宿主机处于同一网络，可以互相通信。

远端虚拟网络代理（以下简称网络代理）用来搭建在宿主机上的虚拟网络与其他主机上的虚拟网络间的通信通道，操作步骤如下：

➢　通信双方添加网络代理：通信双方均需要在各自宿主机的虚拟网络中添加网络代理虚拟设备，代表远端虚拟网络。

➢　通信双方相互指定对端：在停止状态下双击网络代理虚拟设备，弹出如图1.16所示的对端配置窗口，输入通信远端网络所在主机的IP地址与远端虚拟网络的工程名称，确定需要连接的对端网络。

图1.16　网络代理配置

➤　通信双方协商建立通信隧道：右键单击网络代理，弹出如图1.17所示的隧道配置窗口，将两个虚拟网络代理使用的隧道名设置相同，通过相同的隧道名来确定连接对端虚拟网络的具体设备接口，完成两个不同宿主机上的虚拟网络的连接。

图1.17　配置隧道

📖 说明

隧道名由字母、数字和下划线组成，其他字符非法，最大长度为20个字符，非法字符或多余字符将被屏蔽。

（4）Server设备简介

Server设备为基于Linux系统的服务器设备，可以实现FTP、HTTP、DNS、Log Server、TFTP、SFTP等功能。

图1.18 添加 Server 设备

● Server设备添加

如图1.18，点击设备选择区终端图标，添加Server设备。Server设备控制台初始用户/密码：root/123456

● Server设备连线

Server设备默认拥有一个GE接口，且该接口为固定IP：192.168.1.2/24

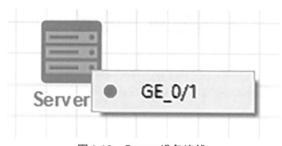

图1.19 Server设备连线

● Server设备配置

启动配置后，可以通过右键菜单打开配置页面，也可以通过浏览器直接访问http://192.168.56.3/webserver/webserver.html

图 1.20　Server 设备配置

进入 Server 设备的配置页面，如图 1.21 所示。

图 1.21　Server 设备服务器管理界面

Server 设备可通过配置页面控制设备中相应服务。

1.1.3　新建工程

双击 HCL 快捷方式启动 HCL 后，点击"新建工程"按钮，弹出新建工程窗口（如图 1.22），进行新工程创建。

图 1.22　新建工程界面

输入"工程名称"、工程标识，选择本地路径、工程状态，输入"工程标签""工程简介"，点击确定按钮即可创建工程。

"工程名称"不再是工程中 .net 文件的名称，而是将作为该工程在 HCL-Hub 我的工程列表中的工程名称展示。

"工程标识"将作为该工程在 HCLHub 中保存、分享或克隆的唯一标识，不可重复，仅支持英文数字下划线和减号。

"本地路径"即工程本地存放路径，在输入"工程标识"时会自动填充，如有目录冲突可自行选择其他目录。

1.添加设备

在工作台添加设备，步骤如下：

➤　在设备选择区点击相应的设备类型按钮（DIY、交换机、路由器、防火墙），将弹出可选设备类型列表，如图 1.23 所示。

➤　用户可以通过以下两种方式向工作台添加设备：

　　单台设备添加模式：单击设备类型图标，并拖拽到工作台，松开鼠标后，完成单台设备的添加。

　　设备连续添加模式：单击设备类型图标，松开鼠标，进入设备连续添加模式，光标变成设备类型图标。在此模式下，鼠标左键单击工作台任意区域，每单击一次，则添加一台设备（由于添加设备需要时间，在前一次添加未完成的过程中的点击操作将被忽略），鼠标右键单击工作台任意位置或按ESC键退出设备连续添加模式。

图1.23　路由器设备型号

　　（1）操作设备

　　右键单击工作台中的设备，弹出操作项菜单，根据需要点击菜单项对当前设备进行操作。设备在不同状态下有不同的操作项，当设备处于停止状态时，弹出如图1.24所示的右键菜单。

图1.24　启用路由器

（2）添加连线

点击"连线"菜单项，鼠标形状变成"十"字，进入连线状态。如图1.25所示，此状态下点击一台设备，在弹窗中选择链路源接口，再点击另一台设备，在弹窗中选择目的接口，完成连接操作。右键单击退出连线状态。

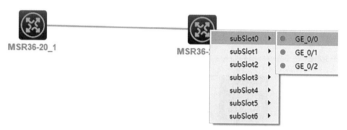

图1.25　路由器接口类型

（3）启动命令行终端

点击"启动命令行终端"选项启动命令行终端，弹出与设备同名的命令行输入窗口，如图1.26所示。

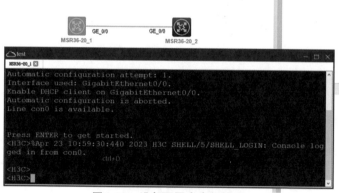

图1.26　设备配置命令行终端

2.保存工程

工程创建完成，点击快捷操作区"保存工程"图标，如果是临时工程弹出保存工程对话框。在保存对话框中输入工程名和工程路径，将工程保存到指定位置。

仅当工程为临时工程时，弹出"另存工程为"窗口，增加了"工程标识"项，窗口中需填写项与新建窗口中对应项要求一致。

1.2　GNS3基本操作

1.2.1　CISCO路由器镜像的管理与维护

1.下载CISCO IOS镜像文件

将下载好的路由器BIN文件存放到GNS3文件夹下，如图1.27所示，本地路径为：D:\20230606\gns3\router

名称	类型	大小
⌖ c2691-advsecurityk9-mz.124-11.T2.bin	BIN 文件	51,704 KB
⌖ C3640-JK.BIN	BIN 文件	68,137 KB
⌖ C7200-JK.BIN	BIN 文件	77,526 KB

此电脑 › 本地磁盘 (D:) › 20230606 › gns3 › router

图1.27　路由器BIN文件

2.导入路由器C3640，C7200镜像文件

打开GNS3主界面，点击Edit--->IOS images and hypervisors--->Image file，如图1.28所示，依次将C3640-JK.BIN，C7200-JK.BIN导入Images列表中。

图1.28　导入路由器BIN文件

导入并保存成功的IOS image，如图1.29所示，出现在Images列表中，意味着可以使用该镜像。

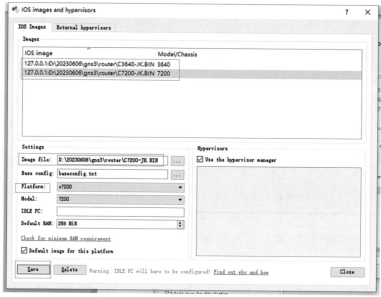

图1.29　导入并保存成功的IOS image

1.2.2　路由器配置与应用

1.在工作台拉取C7200路由器

在设备图标上，点击右键，选择Start按钮，使设备处于开机上电，系统运行状态。如图1.30所示，点击Console按钮，可以进入设备的启动引导和命令提示符界面。

2.为路由器添加接口模块

点击configure-->R2-->Slots，在Adapters栏，为路由器添加接口模块。slot 0支持包括C7200-IO-GE-E，C7200-IO-2FE；slot1-7支持通用模块槽位，双100Mbps以太网PA-2FE-

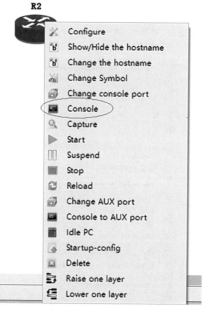

图1.30　拉取C7200路由器

TX，单100Mbps以太网PA-FE-TX，以及广域网模块，Serial，E1，CE1，POS，CPOS接口模块类型；如图1.31所示。

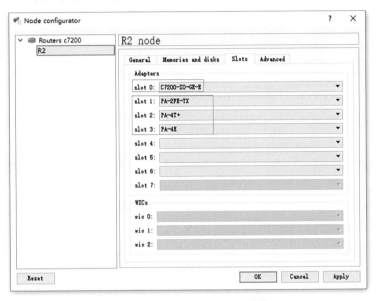

图1.31　为路由器添加接口模块

3.通过Console管理路由器

查看路由IOS版本号，模块信息以及接口的启动状态信息。

R2#show version

Cisco IOS Software, 7200 Software (C7200-JK9O3S-M), Version 12.4(3), RELEASE SOFTWARE (fc2)

Technical Support: http://www.cisco.com/techsupport

Copyright (c) 1986-2005 by Cisco Systems, Inc.

Compiled Fri 22-Jul-05 09:12 by hqluong

ROM: ROMMON Emulation Microcode

BOOTLDR: 7200 Software (C7200-JK9O3S-M), Version 12.4(3), RELEASE SOFTWARE (fc2)

R2 uptime is 1 minute

System returned to ROM by unknown reload cause - suspect boot_data [BOOT_COUNT] 0x0, BOOT_COUNT 0, BOOTDATA 19

System image file is "tftp://255.255.255.255/unknown"

Please refer to the following document "Cisco 7200 Series Port Adaptor Hardware Configuration Guidelines" on CCO <www.cisco.com>, for c7200 bandwidth points oversubscription/usage guidelines.

4 Ethernet interfaces

3 FastEthernet interfaces

4 Serial interfaces

125K bytes of NVRAM.

65536K bytes of ATA PCMCIA card at slot 0 (Sector size 512 bytes).

8192K bytes of Flash internal SIMM (Sector size 256K).

SETUP: new interface FastEthernet0/0 placed in "shutdown" state

SETUP: new interface FastEthernet1/0 placed in "shutdown" state

SETUP: new interface FastEthernet1/1 placed in "shutdown" state

SETUP: new interface Serial2/0 placed in "shutdown" state

SETUP: new interface Serial2/1 placed in "shutdown" state

SETUP: new interface Serial2/2 placed in "shutdown" state

SETUP: new interface Serial2/3 placed in "shutdown" state

SETUP: new interface Ethernet3/0 placed in "shutdown" state

SETUP: new interface Ethernet3/1 placed in "shutdown" state

SETUP: new interface Ethernet3/2 placed in "shutdown" state

SETUP: new interface Ethernet3/3 placed in "shutdown" state

4.通过SecureCRT管理路由器

在Console的提示符下，输入list指令，可以列出当前设备的管理状态。如图1.32所示。

图1.32　查看设备管理端口号

1.2.3　路由器接入测试

1.SecureCRT管理GNS3路由器

安装并打开SecureCRT会话连接对话框，通过telnet协议连接路由器与本地主机对应的端口号。如图1.33所示。

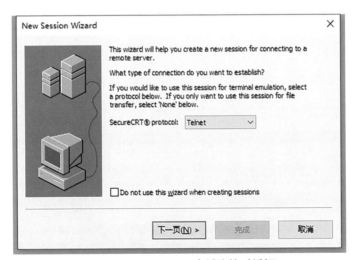

图1.33　SecureCRT会话连接对话框

2.通过telnet协议连接对应的路由器

R1对应127.0.0.1:2001

R2对应127.0.0.1:2002

如图1.34，图1.35所示。

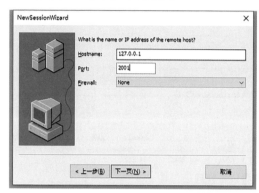

图1.34　R1对应127.0.0.1:2001　　　　图1.35　R2对应127.0.0.1:2002

3.连接管理成功后的路由器管理界面

如图1.36所示，为R1，R2的管理界面

图1.36　路由器管理界面

4.拉取路由器R1，R2，建立一个简易的测试环境

在工作台的网络拓扑图上，可以灵活控制显示设备名称与显示设备端口的快捷键按钮。如图1.37所示。

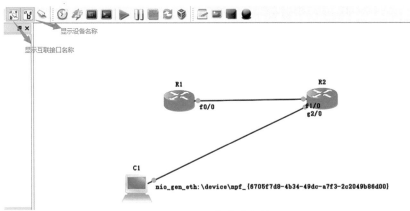

图 1.37 显示设备名称与端口

5.将本地主机接入测试环境

本地主机即 GNS 软件运行的宿主机，在工作台添加本地主机 C1 后,便将宿主机虚拟化成一台虚拟网络中的主机设备。工作台中的主机网卡与宿主机的真实网卡以太网适配器 VirtualBox Host-Only Network 相同，通过将主机网卡和虚拟设备的接口进行连接，实现宿主机与虚拟网络的通信。如图 1.38 所示。

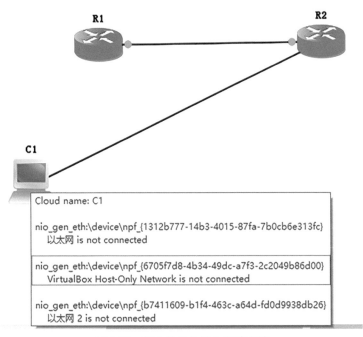

图 1.38 将本地主机接入测试环境

6.为R2的f_1/0接口配置IPv6地址

R2的interface FastEthernet1/0的IPv6地址为2023:6:20:B504::1/64，其IPv6前缀为2023:6:20:B504::/64，默认接口的IPv6前缀通告是开启的。C1将通过IPv6无状态地址分配来测试是否可以获取到R2的interface FastEthernet1/0为其分配到的IPv6前缀：2023:6:20:B504::/64，主机C1结合本机生成的EUI-64规范的接口ID，生成IPv6地址。如图1.39所示。

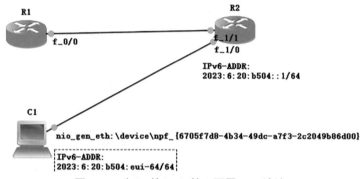

图1.39　为R2的f_1/0接口配置IPv6地址

R2#sho running-config

hostname R2

!

ipv6 unicast-routing //开启IPv6单播路由功能

!

interface FastEthernet1/0

no ip address

duplex auto

speed auto

ipv6 address 2023:6:20:B504::1/64 //为接口配置IPv6地址

ipv6 enable

!

R2#show ipv6 interface brief //查看IPv6接口简要信息

FastEthernet0/0　　　　　　[administratively down/down]

unassigned

FastEthernet1/0   [up/up]

FE80::C801:3FF:FE48:1C

2023:6:20:B504::1

FastEthernet1/1   [administratively down/down]

Unassigned

R2#show ipv6 neighbors   //查看IPv6邻居信息

IPv6 Address   Age Link-layer Addr State Interface

2023:6:20:B504:7CE7:F6C0:21D:A60F   1 0a00.2700.0007 STALE Fa1/0

FE80::503B:742D:9858:4558   1 0a00.2700.0007 STALE Fa1/0

R2#

7.查看主机C1的网络连接状态

如图1.40所示，主机C1已经通过IPv6无状态地址分配拿到了IPv6前缀：
2023:6:20:B504::/64，主机C1结合本机生成的EUI-64规范的接口ID，生成
IPv6地址。

图1.40　本地网络连接信息

主机C1命令提示符下查看IPv6地址信息。

C:\Users\Administrator>ipconfig

Windows IP 配置

以太网适配器 VirtualBox Host-Only Network:

连接特定的 DNS 后缀 . . . . :

IPv6 地址 . . . . : 2023:6:20:b504:503b:742d:9858:4558

临时 IPv6 地址 . . . . : 2023:6:20:b504:7ce7:f6c0:21d:a60f

本地链接 IPv6 地址 . . . . : fe80::503b:742d:9858:4558%7

自动配置 IPv4 地址 . . . . . . : 169.254.69.88

子网掩码 . . . . : 255.255.0.0

默认网关 . . . . : fe80::c801:3ff:fe48:1c%7

C:\Users\Administrator>

1.3 HCL 与 GNS3 安装说明

1.3.1 HCL 安装环境要求（见表1.1）

表1.1 宿主机配置需求表

需求项	描述
CPU	主频:不低于1.2千兆赫兹(GHz) 内核数目:≥2 支持VT-x或AMD-V硬件虚拟技术
内存	不低于4GB
硬盘	不低于80GB
操作系统	不低于Windows7

1.3.2　GNS3安装环境要求（见表1.2）

表1.2　GNS3安装环境需求表

GNS3安装环境	
本机版本	提供并且支持Windows7(64位)和更高版本,以及Mavericks(10.9)和更高版本,Any Linux Distro-Debian/Ubuntu
客户端版本	GNS3-1.3.10-all-in-one
虚拟机软件版本	VMware Workstation 14 Pro,Oracle VM VirtualBox
路由器镜像版本	C3640-JK.BIN C7200-JK.BIN
抓包工具	Wireshark-win64-1.12.4
终端工具	scrt801-x86

　　以上仅供参考，请根据官方文档和相应的版本做灵活调整。很多GNS3下载链接和CISCO路由器镜像，PIX，Juniper，ASA镜像下载链接具有临时性和可变性，请大家根据需要从网上获取。

第2章 IPv6概述以及IPv6地址表示方法

2.1 背景知识

2.1.1 IPv6简介

IPv6（Internet Protocol version 6）是网络层协议的第二代标准协议，也被称为IPng（IP Next Generation），它所在的网络层为应用程序提供无连接的数据传输服务。IPv6是IETF设计的一套规范，是IPv4的升级版本。它解决了目前IPv4存在的许多不足之处，IPv6和IPv4之间最显著的区别就是IP地址长度从原来的32位升级为128位。IPv6以其简化的数据报头格式、充足的地址空间、层次化的地址结构、灵活的扩展头、增强的邻居发现机制将在未来的市场竞争中充满活力。

2.1.2 为什么选择IPv6

IP（Internet Protocol）是TCP/IP协议族中的网络层协议。（网络层协议主要工作是：借助路由表，负责处理IP数据报在网络中的传输。）IPv4协议是目前广泛部署的因特网协议。在因特网发展初期，IPv4以其协议简单、易于实现、互操作性好的优势而得到快速发展。但随着网络的迅猛发展，地址短缺问题的显现，IETF曾提出过IPv6、IPv7、IPv8、IPv9等四个草案，并希望其中的一种协议能够替代IPv4。经过充分的讨论，IETF最终选择IPv6并替代IPv4，而IPv7、IPv8、IPv9也从此销声匿迹。如图2.1所示。

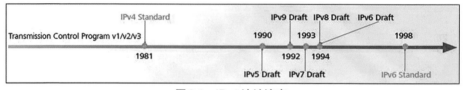

图2.1　IPv6地址演变

2.1.3　为什么没有IPv5

1990年，IETF曾经提出过IPv5的草案，最初希望IPv5负责承载语音，视频等"流"业务与负责承载数据业务的IPv4共同在网络运行。但由于种种原因，这一草案并未被广泛部署，也不会公开使用。

2.1.4　什么是IPv6地址

IPv6地址由网络前缀和接口标识两个部分组成。网络前缀有n位，相当于IPv4地址中的网络ID；接口标识有（128-n）bit，相当于IPv4地址中的主机ID。如图2.2所示。

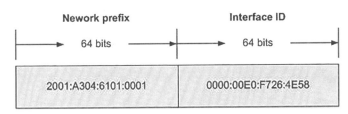

Nework prefix　　**Interface ID**

64 bits　　64 bits

2001:A304:6101:0001　　0000:00E0:F726:4E58

图2.2　IPv6地址结构

IPv6地址长度为128位，表示为"X:X:X:X:X:X:X:X"，每个X代表4个十六进制值字符，以冒号分隔，一共被分为8组。为了书写方便，例如，IPv6地址：FC00:0000:130F:0000:0000:09C0:876A:130B，还可以写为缩略形式：每组中的前导"0"都可以省略，可写为：FC00:0:130F:0:0:9C0:876A:130B。如果地址中包含连续两个或多个均为0的组，可以用双冒号"::"来代替，进一步简写为：FC00:0:130F::9C0:876A:130B。

2.1.5　一种特殊的IPv6地址

由于无法在短时间内将网络中的全部系统从IPv4升级到IPv6。最有效的过渡方案便是IPv6地址支持内嵌IPv4地址。原先的IPv4地址由32位二进制数值组成，但为了便于识别和记忆，采用了"点分十进制表示法"。表示为"d.d.d.d"，其中每一个d代表一个十进制整数，以点分号分隔，一共有4个整数。

现在，IPv4地址转变为了一种特殊形式的IPv6地址："X:X:X:X:X:X:d.d.d.d"，其中"X:X:X:X:X:X"的前80位设为0，后16位设为1，然后再跟IPv4地址。例如，IPv4地址是192.168.0.1，那么嵌入在IPv6协议中呈现的地址为::FFFF:

192.168.0.1。

2.1.6　IPv6对网络性能的影响

在路由器上开启IPv6技术对高性能的路由器影响非常小；一般情况下，部署IPv6对网络传输时延、丢包率没有影响；在某个路由器出现故障的情况下，IPv6对更新信息，计算最佳的路径的效率影响很小。

在使用IPv6的协议过程中，增加了工程师的维护工作量和技能要求，但IPv6对网络维护的冲击比较小，具备维护IPv4能力的工程师可以在较短时间内掌握IPv6。

2.1.7　IPv6对业务和应用的影响

在IPv6网络的现有网络业务和应用没有影响，您可以额外获得访问IPv6资源的能力。部署IPv6往往需要调整域名系统等业务系统，不正确的配置或有缺陷的软件将影响您的用户体验。

这里，向您简单介绍一下IPv6与域名系统的关联：

IPv6网络中，每一台网络设备都是由IPv6地址来标识的，只有获得了目的地网络设备的IPv6地址，才能成功进行访问。因为记住128位的IPv6地址是相当困难的，所以为IPv6网络建立了一套IPv6域名系统。这样，在对网络设备进行访问操作时，您可以直接使用便于记忆的域名，由网络中的服务器来将域名解析为IPv6地址。

例如，Google提供给大众的公共域名解析服务器可以将您所输入的域名映射为IPv6地址，其自身的IPv6地址如下：

2001:4860:4860::8888

2001:4860:4860::8844

2.1.8　IPv6与IPv4的对比

IPv4协议是目前广泛部署的因特网协议，在因特网发展初期，IPv4以其协议简单、易于实现、互操作性好的优势而得到快速发展。但随着因特网的迅猛发展，IPv4设计的不足也日益明显，IPv6的出现，解决了IPv4的一些弊端。相比IPv4，IPv6具有如下优势。

表2.1　IPv6、IPv4对比表

问题	IPv4的缺陷	IPv6的优势
地址空间	IPv4地址采用32 bit标识，理论上能够提供的地址数量是43亿（由于地址分配的原因，实际可使用的数量不到43亿）。另外，IPv4地址的分配也很不均衡：美国占全球地址空间的一半左右，而欧洲则相对匮乏；亚太地区则更加匮乏。与此同时，移动IP和宽带技术的发展需要更多的IP地址。目前IPv4地址已经消耗殆尽 针对IPv4的地址短缺问题，也曾先后出现过几种解决方案。比较有代表性的是无类别域间路由CIDR（Classless Inter-Domain Routing）和网络地址转换NAT（Network Address Translator）。但是CIDR和NAT都有各自的弊端和不能解决的问题，由此推动了IPv6的发展	IPv6地址采用128 bit标识。128位的地址结构使IPv6理论上可以拥有（43亿×43亿×43亿×43亿）个地址。近乎无限的地址空间是IPv6的最大优势
报文格式	IPv4报头包含可选字段Options，内容涉及Security、Timestamp、Record route等，这些Options可以将IPv4报头长度从20字节扩充到60字节。携带这些Options的IPv4报文在转发过程中往往需要中间路由转发设备进行软件处理，对于性能是个很大的消耗，因此实际中也很少使用	IPv6和IPv4相比，去除了IHL、Identifier、Flag、Fragment Offset、Header Checksum、Option、Padding域，只增加了流标记域，因此IPv6报文头的处理较IPv4更为简化，提高了处理效率。另外，IPv6为了更好支持各种选项处理，提出了扩展头的概念，新增选项时不必修改现有结构，理论上可以无限扩展，体现了优异的灵活性
自动配置和重新编址	由于IPv4地址只有32 bit，并且地址分配不均衡，导致在网络扩容或重新部署时，经常需要重新分配IP地址，因此需要能够进行自动配置和重新编址，以减少维护工作量。目前IPv4的自动配置和重新编址机制主要依靠DHCP协议	IPv6协议内置支持通过地址自动配置方式使主机自动发现网络并获取IPv6地址，大大提高了内部网络的可管理性
路由聚合	由于IPv4发展初期的分配规划问题，造成许多IPv4地址分配不连续，不能有效聚合路由。日益庞大的路由表耗用大量内存，对设备成本和转发效率产生影响，这一问题促使设备制造商不断升级其产品，以提高路由寻址和转发性能	巨大的地址空间使得IPv6可以方便地进行层次化网络部署。层次化的网络结构可以方便地进行路由聚合，提高了路由转发效率
对端到端的安全的支持	IPv4协议制订时并没有仔细针对安全性进行设计，因此固有的框架结构并不能支持端到端的安全	IPv6中，网络层支持IPSec的认证和加密，支持端到端的安全

续表

问题	IPv4 的缺陷	IPv6 的优势
对 QoS（Quality of Service）的支持	随着网络会议、网络电话、网络电视迅速普及与使用，客户要求有更好的 QoS 来保障这些音视频实时转发。IPv4 并没有专门的手段对 QoS 进行支持	IPv6 新增了流标记域，提供 QoS 保证
对移动特性的支持	随着 Internet 的发展，移动 IPv4 出现了一些问题，比如：三角路由、源地址过滤等	IPv6 协议规定必须支持移动特性。和移动 IPv4 相比，移动 IPv6 使用邻居发现功能可直接实现外地网络的发现并得到转交地址，而不必使用外地代理。同时，利用路由扩展头和目的地址扩展头移动节点和对等节点之间可以直接通信，解决了移动 IPv4 的三角路由、源地址过滤问题，移动通信处理效率更高且对应用层透明

2.2 细分知识

2.2.1 IPv6 地址的表示方法

IPv6 地址总长度为 128 bit，通常分为 8 组，每组为 4 个十六进制数的形式，每组十六进制数间用冒号分隔。例如：FC00:0000:130F:0000:0000:09C0:876A:130B，这是 IPv6 地址的首选格式。

为了书写方便，IPv6 还提供了压缩格式，以上述 IPv6 地址为例，具体压缩规则为：

每组中的前导"0"都可以省略，所以上述地址可写为 FC00:0:130F:0:0:9C0:876A:130B。

地址中包含的连续两个或多个均为 0 的组，可以用双冒号"::"来代替，所以上述地址又可以进一步简写为 FC00:0:130F::9C0:876A:130B。

📖 **说明**

在一个 IPv6 地址中只能使用一次双冒号"::"，否则当计算机将压缩后的地址恢复成 128 位时，无法确定每个"::"代表 0 的个数。

2.2.2 IPv6 地址的结构

一个 IPv6 地址可以分为如下两部分：

网络前缀：n bit，相当于IPv4地址中的网络ID。

接口标识：128-n bit，相当于IPv4地址中的主机ID。

📖 **说明**

对于IPv6单播地址来说，如果地址的前三位不是000，则接口标识必须为64位；如果地址的前三位是000，则没有此限制。

接口标识可通过三种方法生成：手工配置、系统通过软件自动生成或IEEE EUI-64规范生成。其中，EUI-64规范自动生成最为常用。

IEEE EUI-64规范是将接口的MAC地址转换为IPv6接口标识的过程。如图2-3所示，MAC地址的前24位（用c表示的部分）为公司标识，后24位（用m表示的部分）为扩展标识符。从高位数，第7位是0表示了MAC地址本地唯一。转换的第一步将FFFE插入MAC地址的公司标识和扩展标识符之间，第二步将从高位数，第7位的0改为1表示此接口标识全球唯一。如图2.3所示。

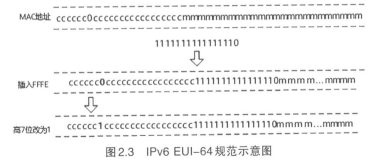

图2.3　IPv6 EUI-64规范示意图

例如：MAC地址：00E0-FC12-3456；转换后：02E0:FCFF:FE12:3456。

这种由MAC地址产生IPv6地址接口标识的方法可以减少配置的工作量，尤其是当采用无状态地址自动配置时，只需要获取一个IPv6前缀就可以与接口标识形成IPv6地址。但是使用这种方式最大的缺点是任何人都可以通过二层MAC地址推算出三层IPv6地址。

2.2.3　IPv6的地址分类

IPv6地址分为单播地址、任播地址（Anycast Address）、组播地址三种类型。和IPv4相比，取消了广播地址类型，以更丰富的组播地址代替，同时增加了任播地址类型。

1.IPv6单播地址

IPv6单播地址标识了一个接口，由于每个接口属于一个节点，因此每个节点的任何接口上的单播地址都可以标识这个节点。发往单播地址的报文，由此地址标识的接口接收。

IPv6定义了多种单播地址，目前常用的单播地址有：未指定地址、环回地址、全球单播地址、链路本地地址、唯一本地地址ULA（Unique Local Address）。

2.未指定地址

IPv6中的未指定地址即0:0:0:0:0:0:0:0/128或者::/128。该地址可以表示某个接口或者节点还没有IP地址，可以作为某些报文的源IP地址（例如在NS报文的重复地址检测中会出现）。源IP地址是::的报文不会被路由设备转发。

3.环回地址

IPv6中的环回地址即0:0:0:0:0:0:0:1/128或者::1/128。环回与IPv4中的127.0.0.1作用相同，主要用于设备给自己发送报文。该地址通常用来作为一个虚接口的地址（如Loopback接口）。实际发送的数据包中不能使用环回地址作为源IP地址或者目的IP地址。

4.全球单播地址

全球单播地址是带有全球单播前缀的IPv6地址，其作用类似于IPv4中的公网地址。这种类型的地址允许路由前缀的聚合，从而限制了全球路由表项的数量。

全球单播地址由全球路由前缀（Global routing prefix）、子网ID（Subnet ID）和接口标识（Interface ID）组成，其格式如图2.4所示。

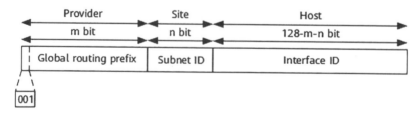

图2.4　全球单播地址格式

① Global routing prefix：全球路由前缀。由提供商（Provider）指定给一个组织机构，通常全球路由前缀至少为48位。目前已经分配的全球路由前缀的前3位均为001。

② Subnet ID：子网ID。组织机构可以用子网ID来构建本地网络（Site）。子网ID通常最多分配到第64位。子网ID和IPv4中的子网号作用相似。

③ Interface ID：接口标识。用来标识一个设备（Host）。

5.链路本地地址

链路本地地址是IPv6中的应用范围受限制的地址类型，只能在连接到同一本地链路的节点之间使用。它使用了特定的本地链路前缀FE80::/10（最高10位值为1111111010），同时将接口标识添加在后面作为地址的低64 bit。

当一个节点启动IPv6协议栈时，启动时节点的每个接口会自动配置一个链路本地地址（其固定的前缀+EUI-64规则形成的接口标识）。这种机制使得两个连接到同一链路的IPv6节点不需要做任何配置就可以通信。所以链路本地地址广泛应用于邻居发现，无状态地址配置等应用。

以链路本地地址为源地址或目的地址的IPv6报文不会被路由设备转发到其他链路。链路本地地址的格式如图2.5所示。

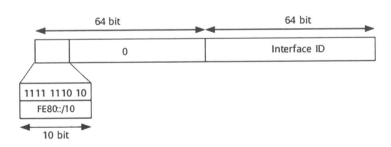

图2.5　链路本地地址格式

6.唯一本地地址

唯一本地地址是另一种应用范围受限的地址，它仅能在一个站点内使用。由于本地站点地址的废除（RFC3879），唯一本地地址被用来代替本地站点地址。

唯一本地地址的作用类似于IPv4中的私网地址，任何没有申请到提供商分配的全球单播地址的组织机构都可以使用唯一本地地址。唯一本地地址只能在本地网络内部被路由转发而不会在全球网络中被路由转发。唯一本地地址格式如图2.6所示。

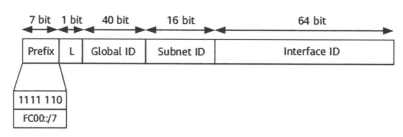

图2.6　唯一本地地址格式

① Prefix：前缀；固定为 FC00::/7。

② L：L标志位；值为1代表该地址为在本地网络范围内使用的地址；值为0被保留，用于以后扩展。

③ Global ID：全球唯一前缀；通过伪随机方式产生。

④ Subnet ID：子网ID；划分子网使用。

⑤ Interface ID：接口标识。

唯一本地地址具有如下特点：

① 具有全球唯一的前缀（虽然以随机方式产生，但是冲突概率很低）。

② 可以进行网络之间的私有连接，而不必担心地址冲突等问题。

③ 具有知名前缀（FC00::/7），方便边缘设备进行路由过滤。

④ 如果出现路由泄漏，该地址不会和其他地址冲突，不会造成Internet路由冲突。

⑤ 应用中，上层应用程序将这些地址看作全球单播地址对待。

⑥ 独立于互联网服务提供商ISP（Internet Service Provider）。

7.IPv6组播地址

IPv6的组播与IPv4相同，用来标识一组接口，一般这些接口属于不同的节点。一个节点可能属于0到多个组播组。发往组播地址的报文被组播地址标识的所有接口接收。例如组播地址FF02::1表示链路本地范围的所有节点，组播地址FF02::2表示链路本地范围的所有路由器。

一个IPv6组播地址由前缀、标志（Flag）字段、范围（Scope）字段以及组播组ID（Global ID）4个部分组成：

① 前缀：IPv6组播地址的前缀是FF00::/8。

② 标志字段（Flag）：长度4 bit，目前只使用了最后一个bit（前三位必须置0），当该位值为0时，表示当前的组播地址是由IANA所分配的一个永久分配地址；当该值为1时，表示当前的组播地址是一个临时组播地址（非永久分配地址）。

③ 范围字段（Scope）：长度4 bit，用来限制组播数据流在网络中发送的范围，该字段取值和含义的对应关系如图10-5所示。

④ 组播组ID（Group ID）：长度112 bit，用以标识组播组。目前，RFC2373并没有将所有的112位都定义成组标识，而是建议仅使用该112位的最低32位作为组播组ID，将剩余的80位都置0。这样每个组播组ID都映射到一个唯一的以太网组播MAC地址（RFC2464）。

IPv6组播地址格式如图2.7所示。

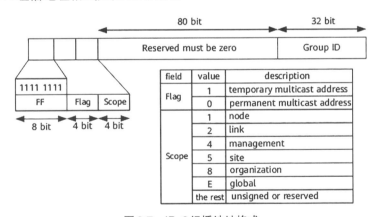

图2.7　IPv6组播地址格式

8.被请求节点组播地址

被请求节点组播地址通过节点的单播或任播地址生成。当一个节点具有了单播或任播地址，就会对应生成一个被请求节点组播地址，并且加入这个组播组。一个单播地址或任播地址对应一个被请求节点组播地址。该地址主要用于邻居发现机制和地址重复检测功能。

IPv6中没有广播地址，也不使用ARP。但是仍然需要从IP地址解析到MAC地址的功能。在IPv6中，这个功能通过邻居请求NS（Neighbor Solicitation）报文完成。当一个节点需要解析某个IPv6地址对应的MAC地址时，会发送NS报文，该报文的目的IP就是需要解析的IPv6地址对应的被请求节点组播地址；只有具有该组播地址的节点会检查处理。

被请求节点组播地址由前缀FF02::1:FF00:0/104和单播地址的最后24位组成。

9.IPv6任播地址

任播地址标识一组网络接口（通常属于不同的节点）。目标地址是任播地址的数据包将发送给其中路由意义上最近的一个网络接口。

任播地址设计用来在给多个主机或者节点提供相同服务时提供冗余功能和负载分担功能。目前，任播地址的使用通过共享单播地址方式来完成。将一个单播地址分配给多个节点或者主机，这样在网络中如果存在多条该地址路由，当发送者发送以任播地址为目的IP的数据报文时，发送者无法控制哪台设备能够收到，这取决于整个网络中路由协议计算的结果。这种方式可以适用于一些无状态的应用，例如DNS等。

IPv6中没有为任播规定单独的地址空间，任播地址和单播地址使用相同的地址空间。目前IPv6中任播主要应用于移动IPv6。

📖 说明

IPv6任播地址仅可以被分配给路由设备，不能应用于主机。任播地址不能作为IPv6报文的源地址。

10.子网路由器任播地址

子网路由器任播地址是已经定义好的一种任播地址（RFC3513）。发送到子网路由器任播地址的报文会被发送到该地址标识的子网中路由意义上最近的一个设备。所有设备都必须支持子网任播地址。子网路由器任播地址用于节点需要和远端子网上所有设备中的一个（不关心具体是哪一个）通信时使用。例如，一个移动节点需要和它的"家乡"子网上的所有移动代理中的一个进行通信。

子网路由器任播地址由n bit子网前缀标识子网，其余用0填充。格式如图2.8所示。

图2.8 子网路由器任播地址格式

2.3 问题探究

① 通常全球路由前缀为48位，请写出IPv6全局单播地址前缀的范围。

② 请写出IPv6本地链路地址的范围。

③ 请根据EUI-64规范写出MAC地址为68-F7-28-F4-57-A5的IPv6接口ID，假设指定的IPv6前缀为2023:4:19:504::/64，请写出该节点的完整IPv6地址。

④ 小明同学按照图2.9网络拓扑图合理配置C1、C2的IPv6地址，使得它们均可以正常通信，请帮忙小明完成表2.2的收集。

IPv6地址: 2023:4:27::1/64
MAC地址: 2023-0427-0001

IPv6地址: 2023:4:27::2/64
MAC地址: 2023-0427-0002

图2.9 C1、C2节点互联图

表2.2 C1、C2节点关系表

请根据C1、C2计算机的IPv6全局单播地址,分别写出C1、C2的IPv6地址前缀,并根据前缀判断C1、C2是否在同一IPv6网络	
C1的IPv6前缀	
C1的IPv6前缀	
C1、C2是否在同一个IPv6网络?（YES/NO）	

第3章 邻居发现协议NDP
（Neighbor Discovery Protocol）

3.1 背景知识

邻居发现协议NDP（Neighbor Discovery Protocol）是IPv6协议体系中一个重要的基础协议。邻居发现协议替代了IPv4的ARP（Address Resolution Protocol）和ICMP路由器发现（Router Discovery），它定义了使用ICMPv6报文实现地址解析，邻居不可达性检测，重复地址检测，路由器发现，重定向以及ND代理等功能。如图3.1所示。

NDP	路由器发现	发现链路上的路由器，获得路由器通告的信息
	无状态自动配置	通过路由器通告的地址前缀，终端自动生成IPv6地址
	DAD	获得地址后，进行地址重复检测，确保地址不存在冲突
	地址解析	请求目的网络地址对应的数据链路层地址，类似IPv4的ARP
	邻居状态跟踪	通过NDP发现链路上的邻居并跟踪邻居状态
	前缀重编址	路由器对所通告的地址前缀进行灵活设置实现网络重编址
	路由重定向	告知其他设备，到达目标网络的更优下一跳

图3.1　NDP协议功能点

在IPv4中，当主机需要和目标主机通信时，必须先通过ARP协议获得目标主机的链路层地址。在IPv6中，同样需要从IPv6地址解析到链路层地址的功能，邻居发现协议实现了这个功能。

ARP报文是直接封装在以太网报文中，以太网协议类型为0x0806，普遍观点认为ARP定位为第2.5层的协议。ND本身基于ICMPv6实现，以太网协议类型为0x86DD，即IPv6报文，IPv6下一个报头字段值为58，表示ICMPv6报文，由于ND协议使用的所有报文均封装在ICMPv6报文中，一般来说，ND被看作第3层的协议。在三层完成地址解析，主要带来以下几个好处：

① 地址解析在三层完成，不同的二层介质可以采用相同的地址解析协议。

② 可以使用三层的安全机制避免地址解析攻击。

③ 使用组播方式发送请求报文，减少了二层网络的性能压力。

④（该协议使用ICMPv6协议实现），wireshark抓不到NDP报文，只能抓到ICMPv6报文。

如表3.1、表3.2所示。

表3.1　NDP协议对应ICMPv6 Type字段

NDP使用的ICMPv6的相关报文	Type字段
RS（Router Solicitation）：路由器请求	type−133
RA（Router Advertisement）：路由器通告报文	type−134
NS（Neighbor Solicitation）：邻居请求报文	type−135
NA（Neighbor Advertisement）：邻居通告报文	type−136

表3.2　NDP协议功能点详解

NDP协议功能	NDP协议功能点详解	相关报文
路由器发现	发现链路上的路由器，获得路由器通告的信息	RS RA报文
无状态自动配置	通知路由器通告的地址前缀，终端自动生成IPv6地址	NS NA报文
DAD	获得地址后，进行地址重复检测，确保地址不存在冲突	NS NA报文
地址解析	请求目的网络地址对应的数据链路层地址，类似IPv4的ARP	NS NA报文
邻居状态跟踪	通过NDP发现链路上的邻居并跟踪邻居状态	NS NA报文
前缀重编址	路由器对所通告的地址前缀进行灵活设置实现网络重编址	
路由重定向	告知其他设备，到达目标网络的更优的下一跳	

3.2　细分知识

3.2.1　地址解析

在IPv4中，当主机需要和目标主机通信时，必须先通过ARP协议获得目标主机的链路层地址。在IPv6中，同样需要从IP地址解析到链路层地址的功能。邻居发现协议实现了这个功能。

ARP报文是直接封装在以太网报文中，以太网协议类型为0x0806，普遍观点认为ARP定位为第2.5层的协议。ND本身基于ICMPv6实现，以太网协议类型为0x86DD，即IPv6报文，IPv6下一个报头字段值为58，表示ICMPv6报文，由于ND协议使用的所有报文均封装在ICMPv6报文中，一般来说，ND被看作第3层的协议。在三层完成地址解析，主要带来以下几个好处：

① 地址解析在三层完成，不同的二层介质可以采用相同的地址解析协议。

② 可以使用三层的安全机制避免地址解析攻击。

③ 使用组播方式发送请求报文，减少了二层网络的性能压力。

地址解析过程中使用了两种ICMPv6报文：邻居请求报文NS（Neighbor Solicitation）和邻居通告报文NA（Neighbor Advertisement）。

① NS报文：Type字段值为135，Code字段值为0，在地址解析中的作用类似于IPv4中的ARP请求报文。

② NA报文：Type字段值为136，Code字段值为0，在地址解析中的作用类似于IPv4中的ARP应答报文。

地址解析的过程如图3.2所示。

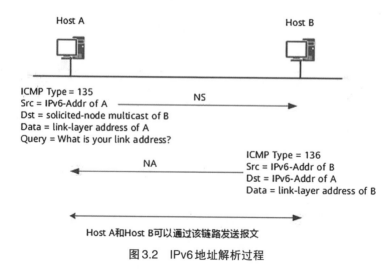

图3.2　IPv6地址解析过程

Host A 在向 Host B 发送报文之前必须解析出 Host B 的链路层地址，所以首先 Host A 会发送一个 NS 报文，其中源地址为 Host A 的 IPv6 地址，目的地址为 Host B 的被请求节点组播地址，需要解析的目标 IP 为 Host B 的 IPv6 地址，这就表示 Host A 想要知道 Host B 的链路层地址。同时需要指出的是，在 NS 报文的 Options 字段中还携带了 Host A 的链路层地址。

当 Host B 接收到了 NS 报文之后，就会回应 NA 报文，其中源地址为 Host B 的 IPv6 地址，目的地址为 Host A 的 IPv6 地址（使用 NS 报文中的 Host A 的链路层地址进行单播），Host B 的链路层地址被放在 Options 字段中。这样就完成了一个地址解析的过程。

3.2.2　邻居不可达性检测

通过邻居或到达邻居的通信，会因各种原因而中断，包括硬件故障等。如果目的地失效，则恢复是不可能的，通信失败；如果路径失效，则恢复是可能的。因此节点需要维护一张邻居表，每个邻居都有相应的状态，状态之间可以迁移。

邻居状态有 5 种，分别是：未完成（Incomplete）、可达（Reachable）、陈旧（Stale）、延迟（Delay）、探查（Probe）。

邻居状态之间具体迁移过程如图 3.3 所示，其中 Empty 表示邻居表项为空。

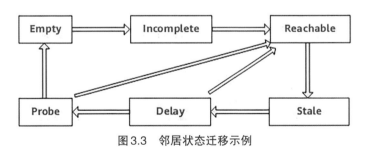

图 3.3　邻居状态迁移示例

下面以 A、B 两个邻居节点之间相互通信过程中 A 节点的邻居状态变化为例（假设 A、B 之前从未通信），说明邻居状态迁移的过程。

① A 先发送 NS 报文，并生成缓存条目，此时，邻居状态为 Incomplete。

② 若 B 回复 NA 报文，则邻居状态由 Incomplete 变为 Reachable，否则固定时间后邻居状态由 Incomplete 变为 Empty，即删除表项。

③ 经过邻居可达时间，邻居状态由 Reachable 变为 Stale，即未知是否可达。

④ 如果在 Reachable 状态，A 收到 B 的非请求 NA 报文，且报文中携带的 B 的链路层地址和表项中不同，则邻居状态马上变为 Stale。

⑤ 在 Stale 状态若 A 要向 B 发送数据，则邻居状态由 Stale 变为 Delay，并发送 NS 请求。

⑥ 在经过一段固定时间后，邻居状态由 Delay 变为 Probe，其间若有 NA 应答，则邻居状态由 Delay 变为 Reachable。

⑦ 在 Probe 状态，A 每隔一定时间间隔发送单播 NS，发送固定次数后，有应答则邻居状态变为 Reachable，否则邻居状态变为 Empty，即删除表项。

3.2.3　重复地址检测

重复地址检测 DAD（Duplicate Address Detect）是在接口使用某个 IPv6 单播地址之前进行的，主要是为了探测是否有其他的节点使用了该地址。尤其是在地址自动配置的时候，进行 DAD 检测是很必要的。一个 IPv6 单播地址在分配给一个接口之后且通过重复地址检测之前被称为试验地址（Tentative Address）。此时该接口不能使用这个试验地址进行单播通信，但是仍然会加入两个组播组：ALL-NODES 组播组和试验地址所对应的 Solicited-Node 组播组。

IPv6 重复地址检测技术和 IPv4 中的免费 ARP 类似：节点向试验地址所对应的 Solicited-Node 组播组发送 NS 报文。NS 报文中目标地址即为该试验地址。如果收到某个其他站点回应的 NA 报文，就证明该地址已被网络上使用，节点将不能使用该试验地址通信。

重复地址检测原理如图 3.4 所示。

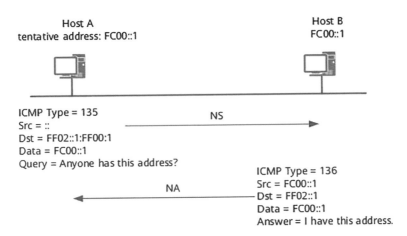

图3.4　重复地址检测示例

Host A 的 IPv6 地址 FC00::1 为新配置地址，即 FC00::1 为 Host A 的试验地址。Host A 向 FC00::1 的 Solicited-Node 组播组发送一个以 FC00::1 为请求的目标地址的 NS 报文进行重复地址检测，由于 FC00::1 并未正式指定，所以 NS 报文的源地址为未指定地址。当 Host B 收到该 NS 报文后，有两种处理方法：

① 如果 Host B 发现 FC00::1 是自身的一个试验地址，则 Host B 放弃使用这个地址作为接口地址，并且不会发送 NA 报文。

② 如果 Host B 发现 FC00::1 是一个已经正常使用的地址，Host B 会向 FF02::1 发送一个 NA 报文，该消息中会包含 FC00::1。这样，Host A 收到这个消息后就会发现自身的试验地址是重复的。Host A 上该试验地址不生效，被标识为 duplicated 状态。

3.2.4　路由器发现

路由器发现功能用来发现与本地链路相连的设备，并获取与地址自动配置相关的前缀和其他配置参数。

在 IPv6 中，IPv6 地址可以支持无状态的自动配置，即主机通过某种机制获取网络前缀信息，然后主机自己生成地址的接口标识部分。路由器发现功能是 IPv6 地址自动配置功能的基础，主要通过以下两种报文实现：

① 路由器通告 RA（Router Advertisement）报文：每台设备为了让二层网络上的主机和设备知道自己的存在，定时都会组播发送 RA 报文，RA 报文

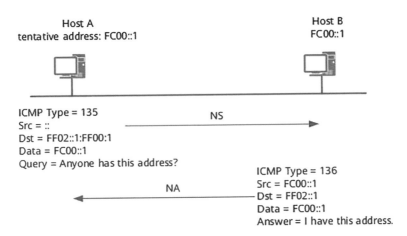

中会带有网络前缀信息，及其他一些标志位信息。RA报文的Type字段值为134。

② 路由器请求RS（Router Solicitation）报文：很多情况下主机接入网络后希望尽快获取网络前缀进行通信，此时主机可以立刻发送RS报文，网络上的设备将回应RA报文。RS报文的Type字段值为133。

路由器发现功能如图3.5所示。

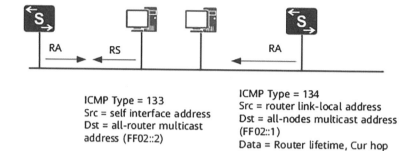

ICMP Type = 133
Src = self interface address
Dst = all-router multicast
address (FF02::2)

ICMP Type = 134
Src = router link-local address
Dst = all-nodes multicast address
(FF02::1)
Data = Router lifetime, Cur hop
limit, Autoconfig flag,
options(prefix、MTU)...

图3.5　路由器发现示例

3.2.5　地址自动配置

IPv4使用DHCP实现自动配置，包括IP地址、缺省网关等信息，简化了网络管理。IPv6地址增长为128位，且终端节点多，对于自动配置的要求更为迫切，除保留了DHCP作为有状态自动配置外，还增加了无状态自动配置。无状态自动配置即自动生成链路本地地址，主机根据RA报文的前缀信息，自动配置全球单播地址等，并获得其他相关信息。

IPv6主机无状态自动配置过程：

① 根据接口标识产生链路本地地址。

② 发出邻居请求，进行重复地址检测。

③ 如地址冲突，则停止自动配置，需要手工配置。

④ 如不冲突，链路本地地址生效，节点具备本地链路通信能力。

⑤ 主机会发送RS报文（或接收设备定期发送的RA报文）。

⑥ 根据RA报文中的前缀信息和接口标识得到IPv6地址。

3.2.6　默认路由器优先级和路由信息发现

当主机所在的链路中存在多个设备时，主机需要根据报文的目的地址选择转发设备。在这种情况下，设备通过发布默认路由优先级和特定路由信息给主机，提高主机根据不同的目的地选择合适的转发设备的能力。

在 RA 报文中，定义了默认路由优先级和路由信息两个字段，帮助主机在发送报文时选择合适的转发设备。

主机收到包含路由信息的 RA 报文后，会更新自己的路由表。当主机向其他设备发送报文时，通过查询该列表的路由信息，选择合适的路由发送报文。

主机收到包含默认设备优先级信息的 RA 报文后，会更新自己的默认路由列表。当主机向其他设备发送报文时，如果没有路由可选，则首先查询该列表，然后选择本链路内优先级最高的设备发送报文；如果该设备故障，主机根据优先级从高到低的顺序，依次选择其他设备。

3.2.7　重定向

当网关设备发现报文从其他网关设备转发更好，它就会发送重定向报文告知报文的发送者，让报文发送者选择另一个网关设备。重定向报文也承载在 ICMPv6 报文中，其 Type 字段值为 137，报文中会携带更好的路径下一跳地址和需要重定向转发的报文的目的地址等信息。

如图 3.6 为一次重定向的过程：

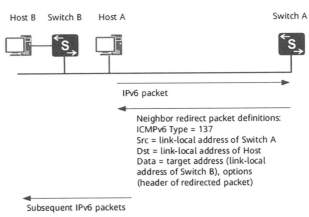

图 3.6　重定向示例

Host A 需要和 Host B 通信，Host A 的默认网关设备是 Switch A，当 Host

A发送报文给Host B时报文会被送到Switch A。Switch A接收Host A发送的报文以后会发现实际上Host A直接发送给Switch B更好，它将发送一个重定向报文给主机A，其中报文中更好的路径下一跳地址为Switch B，Destination Address为Host B。Host A接收了重定向报文之后，会在默认路由表中添加一个主机路由，以后发往Host B的报文就直接发送给Switch B。

当设备收到一个报文后，只有在如下情况下，设备会向报文发送者发送重定向报文：

① 报文的目的地址不是一个组播地址。

② 报文并非通过路由转发给设备。

③ 经过路由计算后，路由的下一跳出接口是接收报文的接口。

④ 设备发现报文的最佳下一跳IP地址和报文的源IP地址处于同一网段。

⑤ 设备检查报文的源地址，发现自身的邻居表项中有用该地址作为全球单播地址或链路本地地址的邻居存在。

📖 **说明**

如果通信目标是一台主机，则主机的IPv6地址就是重定向报文的目的地址。如果该重定向报文含有选项字段，则选项字段中含有目标主机的链路层地址。

3.2.8　ND Proxy

为了满足用户更安全、更灵活的组网需求，IPv6网络通常被划分成多个VLAN，VLAN内的主机间可以直接通信，而VLAN间不能直接互通。同一VLAN内还可以配置端口隔离，同一端口隔离组的端口之间互相二层隔离。但是最终用户终端之间总是有互通需求的，即不同VLAN间或者同一端口隔离组的部分用户会有互通的需求。

类似于IPv4网络的ARP代理，ND代理用于解决上述IPv6网络互通问题。目前，交换机支持如表3.3所示的两种ND代理方式。

表3.3　ND Proxy方式

ND Proxy方式	适用场景
VLAN内ND Proxy	需要互通的主机处于相同网段，并且属于相同VLAN，但是VLAN内配置了端口隔离的场景
VLAN间ND Proxy	需要互通的主机处于相同网段，但属于不同VLAN的场景

VLAN 内 ND Proxy

在 IPv6 网络中，当 VLAN 内配置了端口隔离时，属于相同 VLAN 的用户间无法实现互通。此时，在关联了 VLAN 的接口上使能 VLAN 内 ND Proxy 功能，可以实现用户间三层互通。

如图 3.7 所示，Host_1 和 Host_2 是 Switch 设备下的两个用户。连接 Host_1 和 Host_2 的两个接口在 Switch 属于同一个 VLAN10。

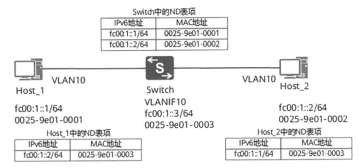

图 3.7　VLAN 内 ND Proxy 典型组网应用

由于在 Switch 上配置了 VLAN 内不同接口彼此隔离，因此 Host_1 和 Host_2 不能直接在二层互通。

若 Switch 的接口使用了 VLAN 内的 ND Proxy 功能，可以使 Host_1 和 Host_2 实现三层互通。Switch 的接口在接收的目的地址不是自己的 NS 报文后，Switch 并不立即丢弃该报文，而是查找该接口的邻居表项。如果存在 Host_2 的邻居表项，则将自己的 MAC 地址发送给 Host_1，并将 Host_1 发送给 Host_2 的报文代为转发；否则，重新封装一个 NS 报文，发送到除接收 NS 报文的接口之外的同 VLAN 内的所有接口。实际上此时 Switch 相当于 Host_2 的代理。

VLAN 间 ND Proxy

在 IPv6 网络中，如果两台主机处于相同网段但属于不同的 VLAN，用户间要进行三层互通，可以在关联了这些 VLAN 的接口（例如 VLANIF 接口）上使能 VLAN 间 ND Proxy 功能。

VLAN 间 ND Proxy 功能一般应用于 IPv6 网络的 VLAN 聚合场景。当属于不同的 Sub-VLAN 的主机间要实现三层互通时，可以在 Super-VLAN 对应的

VLANIF接口上使能VLAN间ND Proxy功能，使得该Super-VLAN下所有Sub-VLAN之间均可互相访问。

如图3.8所示，Host_1和Host_2是Switch设备下的两个用户，Host_1和Host_2处于相同网段，但Host_1属于Sub-VLAN10，Host_2属于Sub-VLAN20。

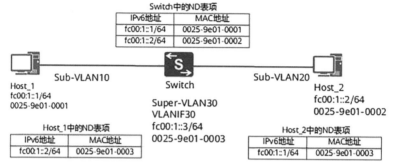

图3.8　VLAN间ND Proxy典型组网应用

由于Host_1和Host_2属于不同的Sub-VLAN，Host_1和Host_2不能直接实现二层互通。

如果Switch上使用了VLAN间ND Proxy功能，可以使Host_1和Host_2实现三层互通。Switch的接口在接收的目的地址不是自己的NS报文后，并不立即丢弃该报文，而是查找邻居表项。如果存在Host_2的邻居表项，则将自己的MAC地址发送给Host_1，并将Host_1发送给Host_2的报文代为转发；否则，重新封装一个NS报文，发送到除Sub-VLAN 10之外的其他Sub-VLAN内的所有端口。实际上此时Switch相当于Host_2的代理。

3.3　问题探究

① 请问IPv6 NDP协议地址解析用到了ICMPv6的哪两种报文，请针对图3.2对IPv6地址解析过程进行相关探究。

② 请说出IPv6 NDP协议路由器发现用到了ICMPv6的哪两种报文，请针对图3.5路由器发现示例进行相关探究。

③ 请描述一下IPv6主机无状态地址自动配置过程，探究其原理与过程，为下一章节IPv6主机无状态地址自动分配做准备。

第4章 配置IPv6基本功能

4.1 项目与任务简介

IPv6协议栈是IPv6网络中路由协议和应用协议的支撑，在理解IPv6的实现原理的基础上，本章重点介绍配置IPv6的注意事项，包括为接口配置IPv6地址，配置ICMPv6差错报文控制可以减少网络流量、防止遭到恶意攻击，配置与优化IPv6邻居发现协议等内容。如表4.1所示。

表4.1　IPv6基础配置项目与任务简介

项目	任务分解	说明
配置IPv6基本功能	配置IPv6全球单播地址	三者至少选其一
	配置IPv6链路本地地址	
	配置IPv6任播地址	
配置IPv6邻居发现协议	配置静态邻居表项	可选
	配置接口上允许动态学习的邻居的最大个数	可选
	配置设备的跳数限制	可选
	配置RA消息的相关参数	可选
	配置重复地址检测时发送邻居请求消息的次数	可选
配置PMTU	配置接口MTU	可选
配置ICMPv6报文发送	配置指定时间内发送ICMPv6差错报文的最大个数	可选
	配置ICMPv6目的不可达差错报文发送功能	可选
	配置ICMPv6报文指定源地址功能	可选

4.2 项目一：配置IPv6基本功能

4.2.1 任务1：配置IPv6全球单播地址

IPv6全球单播地址可以通过下面三种方式配置：

① 采用EUI-64格式形成：当配置采用EUI-64格式形成IPv6地址时，接

口的IPv6地址的前缀需要手工配置,而接口标识符则由接口自动生成。

② 手工配置:用户手工配置IPv6全球单播地址。

③ 无状态自动配置:根据接收的RA报文中携带的地址前缀信息,自动生成IPv6全球单播地址。

每个接口可以有多个全球单播地址。

手工配置的全球单播地址(包括采用EUI-64格式形成的全球单播地址)的优先级高于自动生成的全球单播地址。如果在接口已经自动生成全球单播地址的情况下,手工配置前缀相同的全球单播地址,不会覆盖之前自动生成的全球单播地址。如果删除手工配置的全球单播地址,设备还可以使用自动生成的全球单播地址进行通信。

【任务1.1】采用EUI-64格式形成IPv6地址

【任务说明】

采用EUI-64格式形成:当配置采用EUI-64格式形成IPv6地址时,接口的IPv6地址的前缀需要手工配置,而接口标识符则由接口自动生成。如表4.2所示。

表4.2　采用EUI-64格式形成IPv6地址

操作	命令
进入系统视图	system-view
进入接口视图	interface interface-type interface-number
采用EUI-64格式形成IPv6地址	ipv6 address { ipv6-address prefix-length | ipv6-address/prefix-length } eui-64

【实现步骤】

```
<H3C>system-view
System View: return to User View with Ctrl+Z.
[H3C]interface GigabitEthernet 0/0
[H3C-GigabitEthernet0/0]ipv6 address 2023:5:: 64 eui-64
[H3C-GigabitEthernet0/0]qui
[H3C]
```

【校验效果】

```
[H3C]display ipv6 interface GigabitEthernet 0/0 brief
*down: administratively down
(s): spoofing
Interface                              Physical Protocol IPv6 Address
GigabitEthernet0/0                     up       up       2023:5::20F0:CFFF:FE3A:105
[H3C]
```

【任务1.2】手工指定IPv6地址

【任务说明】

手工配置：用户手工配置IPv6全球单播地址。如表4.3所示。

表4.3　手工指定IPv6地址

操作	命令
进入系统视图	system-view
进入接口视图	interface interface-type interface-number
手工指定IPv6地址	ipv6 address { ipv6-address prefix-length	ipv6-address/prefix-length }

【实现步骤】

```
<H3C>system-view
System View: return to User View with Ctrl+Z.
[H3C]interface GigabitEthernet 0/0
[H3C-GigabitEthernet0/0]ipv6 address 2023:5::1/64
[H3C-GigabitEthernet0/0]qu
[H3C]
```

【校验效果】

```
[H3C]display ipv6 interface GigabitEthernet 0/0 brief
*down: administratively down
(s): spoofing
Interface                          Physical Protocol IPv6 Address
GigabitEthernet0/0                 up       up       2023:5::1
[H3C]
```

【任务1.3】无状态自动配置IPv6地址

【任务说明】

无状态自动配置：根据接收的RA报文中携带的地址前缀信息，自动生成IPv6全球单播地址。如表4.4所示。

表4.4　无状态自动配置IPv6地址

操作	命令
进入系统视图	system-view
进入接口视图	interface interface-type interface-number
无状态自动配置IPv6地址	ipv6 address auto

在启用无状态自动配置IPv6地址功能后，接口会根据接收的RA报文中携带的地址前缀信息和接口ID，自动生成IPv6全球单播地址。如果接口是IEEE 802类型的接口（例如，以太网接口、VLAN接口），其接口ID是由

MAC地址根据一定的规则生成，此接口ID具有全球唯一性。对于不同的前缀，接口ID部分始终不变，攻击者通过接口ID可以很方便地识别出通信流量是由哪台设备产生的，并分析其规律，会造成一定的安全隐患。

如果在地址无状态自动配置时，自动生成接口ID不断变化的IPv6地址，就可以加大攻击的难度，从而保护网络。为此，设备提供了临时地址功能，使得系统可以生成临时地址。配置该功能后，通过地址无状态自动配置，IEEE 802类型的接口可以同时生成两类地址。

公共地址：地址前缀采用RA报文携带的前缀，接口ID由MAC地址产生。接口ID始终不变。

临时地址：地址前缀采用RA报文携带的前缀，接口ID由系统根据MD5算法计算产生。接口ID不断变化。

在配置了优先选择临时地址功能前提下发送报文，系统将优先选择临时地址作为报文的源地址。当临时地址的有效生命期过期后，这个临时地址将被删除，同时，系统会通过MD5算法重新生成一个接口ID不同的临时地址。所以，该接口发送报文的源地址的接口ID总是在不停变化。如果生成的临时地址因为DAD冲突不可用，就采用公共地址作为报文的源地址。

临时地址的首选生命期和有效生命期的确定原则如下：

首选生命期是如下两个值之中的较小者："RA前缀中的首选生命期"和"配置的临时地址首选生命期减去DESYNC_FACTOR"。DESYNC_FACTOR是一个0～600秒的随机值。

有效生命期是如下两个值之中的较小者："RA前缀中的有效生命期"和"配置的临时地址有效生命期"。如表4.5所示。

表4.5　配置系统生成临时地址，并优先选择临时地址作为报文的源地址

操作	命令
进入系统视图	system-view
配置系统生成临时地址	ipv6 temporary-address [valid-lifetime preferred-lifetime]
优先选择临时地址作为报文的源地址	ipv6 prefer temporary-address

设备的接口必须启用地址无状态自动配置功能才能生成临时地址，而且临时地址不会覆盖公共地址，因此会出现一个接口下有多个前缀相同但是接口ID不同的地址。

如果公共地址生成失败，例如前缀冲突，则不会生成临时地址。

【实现步骤】

```
<H3C>system-view
System View: return to User View with Ctrl+Z.
[H3C]interface GigabitEthernet 0/0
[H3C-GigabitEthernet0/0]ipv6 address auto
[H3C-GigabitEthernet0/0]qui
[H3C]
```

【校验效果】

```
[H3C]display ipv6 interface GigabitEthernet 0/0 brief
*down: administratively down
(s): spoofing
Interface                          Physical Protocol IPv6 Address
GigabitEthernet0/0                 up        up       2023:5::260F:BDFF:FE49:205
```

4.2.2　任务2：配置IPv6链路本地地址

IPv6的链路本地地址可以通过两种方式获得：自动生成与手工指定。

【任务2.1】配置自动生成IPv6链路本地地址

【任务说明】

自动生成：设备根据链路本地地址前缀（FE80::/10）及接口的链路层地址，自动为接口生成链路本地地址。

📖 说明

缺省情况下，接口上没有链路本地地址。当接口配置了IPv6全球单播地址后，会自动生成链路本地地址，如表4.6所示。

表4.6　配置自动生成链路本地地址

操作	命令
进入系统视图	system-view
进入接口视图	interface interface-type interface-number
配置自动生成链路本地地址	ipv6 address auto link-local

【实现步骤】

```
<H3C>system-view
System View: return to User View with Ctrl+Z.
[H3C]interface GigabitEthernet 0/0
[H3C-GigabitEthernet0/0]ipv6 address auto link-local
[H3C-GigabitEthernet0/0]qu
[H3C]
```

【校验效果】

```
[H3C]display ipv6 interface GigabitEthernet 0/0
GigabitEthernet0/0 current state: UP
Line protocol current state: UP
IPv6 is enabled, link-local address is FE80::260F:BDFF:FE49:205
```

【任务2.2】配置手工指定IPv6链路本地地址

【任务说明】

手工指定：用户手工配置IPv6链路本地地址。

每个接口只能有一个链路本地地址，为了避免链路本地地址冲突，推荐使用链路本地地址的自动生成方式。

配置链路本地地址时，手工指定方式的优先级高于自动生成方式。即如果先采用自动生成方式，之后手工指定，则手工指定的地址会覆盖自动生成的地址；如果先手工指定，之后采用自动生成的方式，则自动配置不生效，接口的链路本地地址仍是手工指定的。此时，如果删除手工指定的地址，则自动生成的链路本地地址会生效。如表4.7所示。

表4.7 手工指定接口的链路本地地址

操 作	命 令
进入系统视图	system-view
进入接口视图	interface interface-type interface-number
手工指定接口的链路本地地址	ipv6 address ipv6-address link-local

【实现步骤】

```
<H3C>system-view
System View: return to User View with Ctrl+Z.
[H3C]interface GigabitEthernet 0/0
[H3C-GigabitEthernet0/0]ipv6 address FE80::1 link-local
[H3C-GigabitEthernet0/0]quit
[H3C]
```

【校验效果】

```
[H3C]display ipv6 interface GigabitEthernet 0/0
GigabitEthernet0/0 current state: UP
Line protocol current state: UP
IPv6 is enabled, link-local address is FE80::1
```

当接口配置了IPv6全球单播地址后，同时会自动生成链路本地地址。且与采用ipv6 address auto link-local命令生成的链路本地地址相同。此时如果手工指定接口的链路本地地址，则手工指定的有效。如果删除手工指定的链路本地地址，则接口的链路本地地址恢复为系统自动生成的地址。

undo ipv6 address auto link-local命令只能删除使用ipv6 address auto link-local命令生成的链路本地地址。即如果此时已经配置了IPv6全球单播地址，由于系统会自动生成链路本地地址，则接口仍有链路本地地址；如果此时没有配置IPv6全球单播地址，则接口没有链路本地地址。

4.2.3　任务3：配置IPv6任播地址

任意播地址可以相当于IPv4中的广播，也称为任播和泛播，IPv6中取消了广播的概念。任播地址用来标识一组网络接口（通常属于不同的节点），适合于One-to-One-of-Many（一对一组中的一个）的通信场合。目前，任播地址仅被用作目标地址，且仅分配给路由器。任播地址有可聚合全球、本地站点和本地链路地址。

任播地址占用单播地址空间，使用单播地址的任何格式，所以无法区分任播地址和单播地址，节点必须使用明确的配置从而指明它是一个任播地址。

【任务说明】

用户需要手工配置接口的IPv6任播地址。如表4.8所示。

表4.8　配置IPv6任播地址

操作	命令
进入系统视图	system-view
进入接口视图	interface interface-type interface-number
配置IPv6任播地址	ipv6 address { ipv6-address prefix-length | ipv6-address/prefix-length } any-cast

【实现步骤】

```
<H3C>system-view
System View: return to User View with Ctrl+Z.
[H3C]interface GigabitEthernet 0/0
[H3C-GigabitEthernet0/0]ipv6 address 2023:5::/64 anycast
[H3C-GigabitEthernet0/0]quit
[H3C]
```

【校验效果】

```
[H3C]display ipv6 interface GigabitEthernet 0/0
GigabitEthernet0/0 current state: UP
Line protocol current state: UP
IPv6 is enabled, link-local address is FE80::1
  Global unicast address(es):
    2023:5::, subnet is 2023:5::/64 [ANYCAST]
```

4.2.4　任务 4：配置 IPv6 邻居发现协议

【任务 4.1　配置静态邻居表项】

【任务说明】

将邻居节点的 IPv6 地址解析为链路层地址，可以通过邻居请求消息 NS 及邻居通告消息 NA 来动态实现，也可以通过手工配置静态邻居表项来实现。

设备根据邻居节点的 IPv6 地址和与此邻居节点相连的三层接口号来唯一标识一个静态邻居表项。目前，静态邻居表项有两种配置方式：

配置本节点的三层接口对应的邻居节点的 IPv6 地址、链路层地址；

配置本节点 VLAN 中的端口对应的邻居节点的 IPv6 地址、链路层地址。

📖 说明

缺省情况下，设备上不存在静态邻居表项，如表 4.9 所示。

表 4.9　配置静态邻居表项

操作	命令
进入系统视图	system-view
配置静态邻居表项	ipv6 neighbor ipv6-address mac-address { vlan-id port-type port-number | interface interface-type interface-number } [vpn-instance vpn-instance-name]

【实现步骤】

➢ 测试邻居的网络联通性并查看动态邻居表项

```
[H3C]display ipv6 neighbors all
Type: S-Static    D-Dynamic    O-Openflow    R-Rule    IS-Invalid static
IPv6 address              MAC address    VID  Interface          State T  Aging
FE80::1                   240f-bd49-0205 --   GE0/0              REACH D  3
[H3C]ping ipv6 -i GigabitEthernet 0/0 FE80::1
Ping6(56 data bytes) FE80::20F0:CFFF:FE3A:105 --> FE80::1, press CTRL+C to break
56 bytes from FE80::1, icmp_seq=0 hlim=64 time=4.000 ms
56 bytes from FE80::1, icmp_seq=1 hlim=64 time=1.000 ms
56 bytes from FE80::1, icmp_seq=2 hlim=64 time=2.000 ms
56 bytes from FE80::1, icmp_seq=3 hlim=64 time=1.000 ms
56 bytes from FE80::1, icmp_seq=4 hlim=64 time=1.000 ms

--- Ping6 statistics for FE80::1 ---
5 packet(s) transmitted, 5 packet(s) received, 0.0% packet loss
round-trip min/avg/max/std-dev = 1.000/1.800/4.000/1.166 ms
[H3C]%May  6 14:25:02:324 2023 H3C PING/6/PING_STATISTICS: Ping6 statistics for FE80::1: 5
d, 5 packet(s) received, 0.0% packet loss, round-trip min/avg/max/std-dev = 1.000/1.800/4.0

[H3C]display ipv6 neighbors all
Type: S-Static   D-Dynamic    O-Openflow    R-Rule    IS-Invalid static
IPv6 address              MAC address    VID  Interface          State T  Aging
FE80::1                   240f-bd49-0205 --   GE0/0              DELAY D  5
[H3C]
```

➢ 配置静态邻居表项

```
<H3C>system-view
System View: return to User View with Ctrl+Z.
[H3C]ipv6 neighbor FE80::1 240f-bd49-0205 interface GigabitEthernet 0/0
```

【校验效果】

可发现邻居表项中，Type位标识由D-Dynamic转变成为S-Static。

```
[H3C]display ipv6 neighbors all
Type: S-Static   D-Dynamic    O-Openflow    R-Rule    IS-Invalid static
IPv6 address              MAC address    VID  Interface          State T  Aging
FE80::1                   240f-bd49-0205 --   GE0/0              REACH S  --
[H3C]
```

对于VLAN接口，可以采用上述两种方式来配置静态邻居表项：

采用第一种方式配置静态邻居表项后，设备还需要解析VLAN对应的二层端口信息。

采用第二种方式配置静态邻居表项后，需要保证VLAN所对应的VLAN接口已经存在，且port-type port-number指定的二层端口属于vlan-id指定的VLAN。在配置后，设备会将VLAN所对应的VLAN接口与IPv6地址相对应来唯一标识一个静态邻居表项。

【任务4.2　配置动态邻居表项数量】

【任务说明】

设备可以通过NS消息和NA消息来动态获取邻居节点的链路层地址，并将其加入邻居表中。为了防止接口下的用户占用过多的资源，可以通过设置接口学习动态邻居表项的最大个数来进行限制。当接口学习动态邻居表项的个数达到所设置的最大值时，该接口将不再学习动态邻居表项。

📖 **说明**

缺省情况下，以太网接口上允许学习动态邻居表项的最大数目为当前设备剩余资源的最大值。

【实现步骤】如表4.10所示。

表4.10　配置接口上允许学习的动态邻居表项的最大个数

操作	命令
进入系统视图	system-view
进入接口视图	interface interface-type interface-number
配置接口上允许学习的动态邻居表项的最大个数	ipv6 neighbors max-learning-num number

```
[H3C]interface GigabitEthernet 0/0
[H3C-GigabitEthernet0/0]ipv6 neighbors max-learning-num ?
  INTEGER<0-4096>  The max-learning-num under one interface

[H3C-GigabitEthernet0/0]ipv6 neighbors max-learning-num 2
[H3C-GigabitEthernet0/0]qui
[H3C]
```

【任务4.3　配置ND表项的老化时间】

【任务说明】

为适应网络的变化，ND表需要不断更新。在ND表中，处于STALE状态的ND表项并非永远有效，而是有一个老化时间。到达老化时间的STALE状态ND表项将迁移到DELAY状态。5秒钟后DELAY状态超时，ND表项将迁移到PROBE状态，并且设备会发送3次NS报文进行可达性探测。若邻居已经下线，则收不到回应的NA报文，此时设备会将该ND表项删除。用户可以根据网络实际情况调整老化时间。

📖 **说明**

缺省情况下，STALE状态ND表项的老化时间为240分钟。

【实现步骤】如表4.11所示。

表4.11　配置STALE状态ND表项的老化时间

操作	命令
进入系统视图	system-view
配置STALE状态ND表项的老化时间	ipv6 neighbor stale-aging aging-time

```
[H3C]ipv6 neighbor stale-aging ?
  INTEGER<1-1440>  The value of aging time in minutes

[H3C]ipv6 neighbor stale-aging 100 ?
  <cr>

[H3C]ipv6 neighbor stale-aging 100
```

【任务4.4　配置ND表项的老化时间】

【任务说明】

本功能可以对链路本地ND表项（该ND表项的IPv6地址为链路本地地址）占用的资源进行优化。

缺省情况下，所有ND表项均会下发硬件表项。配置本功能后，新学习的、未被引用的链路本地ND表项（该ND表项的链路本地地址不是某条路由的下一跳）不下发硬件表项，以节省资源。

本功能只对后续新学习的ND表项生效，已经存在的ND表项不受影响。

📖 说明

缺省情况下，所有ND表项均会下发硬件表项。

【实现步骤】如表4.12所示。

表4.12　配置链路本地ND表项资源占用最小化

操作	命令
进入系统视图	system-view
配置链路本地ND表项资源占用最小化	ipv6 neighbor link-local minimize

```
[H3C]ipv6 neighbor link-local minimize
[H3C]undo ipv6 neighbor link-local minimize
```

配置以及取消链路本地ND表项资源占用最小化。

【任务4.5　配置设备的跳数限制】

【任务说明】

设备的跳数限制有以下两个作用：

决定了设备发送的IPv6数据报文的跳数，即IPv6数据报文的Hop Limit字段的值。如果用户配置了在RA消息中发布本设备的跳数限制（配置命令undo ipv6 nd ra hop-limit unspecified），则设备发送的RA消息中将携带此处配置的跳数限制值。收到该RA消息之后，主机在发送IPv6报文时，将使用该跳数值填充IPv6报文头中的Hop Limit字段。

📖 **说明**

缺省情况下，设备的跳数限制为64跳。

【实现步骤】如表4.13所示。

表4.13 配置设备的跳数限制

操作	命令
进入系统视图	system-view
配置设备的跳数限制	ipv6 hop-limit value

```
[H3C]ipv6 hop-limit ?
  INTEGER<1-255>  Hop limit value

[H3C]ipv6 hop-limit 16 ?
  <cr>

[H3C]ipv6 hop-limit 16
[H3C]
```

将设备的跳数限制为16跳。

【任务4.6　配置允许发布RA消息】

【任务说明】

用户可以根据实际情况，配置接口是否发送RA消息及发送RA消息的时间间隔，同时可以配置RA消息中的相关参数以通告给主机。当主机接收到RA消息后，就可以采用这些参数进行相应操作。

【实现步骤】

可以配置的RA消息中的参数及含义如表4.14所示。

表4.14 配置允许发布RA消息

操作	命令	说明
进入系统视图	system-view	–
进入接口视图	interface interface-type interface-number	–
取消对RA消息发布的抑制	undo ipv6 nd ra halt	缺省情况下，抑制发布RA消息

```
[H3C-GigabitEthernet0/0]ipv6 nd ra ?
  dns             Domain Name System
  halt            Suppress IPv6 router advertisements
  hop-limit       Specify hop count limit
  interval        Specify IPv6 router advertisement interval
  no-advlinkmtu   No advertising link MTU
  prefix          Configure IPv6 routing prefix advertisement
  router-lifetime Specify IPv6 router advertisement lifetime
```

4.3 项目二：IPv6基础典型配置

【项目简介】

如图4.1所示，Host、Switch A 和 Switch B 之间通过以太网端口相连，将以太网端口分别加入相应的VLAN里，在VLAN接口上配置IPv6地址，验证它们之间的互通性。

Switch B 有可以到 Host 的路由。

在 Host 上安装 IPv6，根据 IPv6 邻居发现协议自动配置 IPv6 地址，有可以到 Switch B 的路由。

【任务分解】

（1）网络拓扑图（如图4.1所示）

图4.1　IPv6地址配置组网图

📖 **说明**

交换机上已经创建相应的VLAN接口。

（2）网络设备连接表

网络设备名称	接口	网络设备名称	接口
SwitchA	GE_3/0/1	SwitchB	GE_3/0/1
SwitchA	GE_3/0/2	Host	

（3）数据规划表

网络设备名称	接口类型与编号	IPv6/IPv4 地址
SwitchA	vlan-interface　1	2001::1/64
	vlan-interface　2	3001::1/64
SwitchB	vlan-interface　2	3001::2/64

（4）网络设备配置

设备名称	相关配置
Switch A	配置 Switch A # 手工指定 VLAN 接口 2 的全球单播地址。 \<SwitchA\> system-view [SwitchA] interface vlan-interface 2 [SwitchA-Vlan-interface2] ipv6 address 3001::1/64 [SwitchA-Vlan-interface2] quit # 手工指定 VLAN 接口 1 的全球单播地址，并允许其发布 RA 消息。(缺省情况下，所有的接口不会发布 RA 消息) [SwitchA] interface vlan-interface 1 [SwitchA-Vlan-interface1] ipv6 address 2001::1/64 [SwitchA-Vlan-interface1] undo ipv6 nd ra halt [SwitchA-Vlan-interface1] quit
Switch B	配置 Switch B # 配置 VLAN 接口 2 的全球单播地址。 \<SwitchB\> system-view [SwitchB] interface vlan-interface 2 [SwitchB-Vlan-interface2] ipv6 address 3001::2/64 [SwitchB-Vlan-interface2] quit # 配置 IPv6 静态路由，该路由的目的地址为 2001::/64，下一跳地址为 3001::1。 [SwitchB] ipv6 route-static 2001:: 64 3001::1
Host	配置 Host 在 Host 上安装 IPv6，根据 IPv6 邻居发现协议自动配置 IPv6 地址。 # 从 Switch A 上查看端口 GigabitEthernet3/0/2 的邻居信息。 [SwitchA] display ipv6 neighbors interface GigabitEthernet 3/0/2 Type: S-Static D-Dynamic O-Openflow I-Invalid IPv6 Address Link Layer VID Interface State T Age FE80::215:E9FF:FEA6:7D14 0015-e9a6-7d14 1 GE3/0/2 STALE D 1238 2001::15B:E0EA:3524:E791 0015-e9a6-7d14 1 GE3/0/2 STALE D 1248 通过上面的信息可以知道 Host 上获得的 IPv6 全球单播地址为 2001::15B:E0EA:3524:E791。

（5）验证测试

设备名称	验证测试步骤

Switch A	# 显示Switch A的接口信息，可以看到各接口配置的IPv6全球单播地址。
	[SwitchA] display ipv6 interface vlan-interface 2
	Vlan-interface2 current state: UP
	Line protocol current state: UP
	IPv6 is enabled, link-local address is FE80::20F:E2FF:FE00:2
	  Global unicast address(es):
	    3001::1, subnet is 3001::/64
	  Joined group address(es):
	    FF02::1
	    FF02::2
	    FF02::1:FF00:1
	    FF02::1:FF00:2
	  MTU is 1500 bytes
	  ND DAD is enabled, number of DAD attempts: 1
	  ND reachable time is 30000 milliseconds
	  ND retransmit interval is 1000 milliseconds
	  Hosts use stateless autoconfig for addresses
	  …
	
	[SwitchA] display ipv6 interface vlan-interface 1
	Vlan-interface1 current state: UP
	Line protocol current state: UP
	IPv6 is enabled, link-local address is FE80::20F:E2FF:FE00:1C0
	  Global unicast address(es):
	    2001::1, subnet is 2001::/64
	  Joined group address(es):
	    FF02::1
	    FF02::2
	    FF02::1:FF00:1
	    FF02::1:FF00:1C0
	  MTU is 1500 bytes
	  ND DAD is enabled, number of DAD attempts: 1
	  ND reachable time is 30000 milliseconds
	  ND retransmit interval is 1000 milliseconds
	  ND advertised reachable time is 0 milliseconds
	  ND advertised retransmit interval is 0 milliseconds
	  ND router advertisements are sent every 600 seconds
	  ND router advertisements live for 1800 seconds
	  Hosts use stateless autoconfig for addresses
	  …

续表

设备名称	验证测试步骤
Switch B	# 显示Switch B的接口信息，可以看到接口配置的IPv6全球单播地址。 [SwitchB] display ipv6 interface vlan-interface 2 Vlan-interface2 current state: UP Line protocol current state: UP IPv6 is enabled, link-local address is FE80::20F:E2FF:FE00:1234 　Global unicast address(es): 　　3001::2, subnet is 3001::/64 　Joined group address(es): 　　FF02::1 　　FF02::2 　　FF02::1:FF00:1 　　FF02::1:FF00:1234 　MTU is 1500 bytes 　ND DAD is enabled, number of DAD attempts: 1 　ND reachable time is 30000 milliseconds 　ND retransmit interval is 1000 milliseconds 　Hosts use stateless autoconfig for addresses 　…
	# 在Host上使用Ping测试和Switch A及Switch B的互通性；在Switch B上使用Ping测试和Switch A及Host的互通性。 📖 **说明** 在Ping链路本地地址时，需要使用-i参数来指定链路本地地址的接口。 　[SwitchB] ping ipv6 -c 1 3001::1 Ping6(56 data bytes) 3001::2 --> 3001::1, press CTRL_C to break 56 bytes from 3001::1, icmp_seq=0 hlim=64 time=4.404 ms --- Ping6 statistics for 3001::1 --- 1 packet(s) transmitted, 1 packet(s) received, 0.0% packet loss round-trip min/avg/max/std-dev = 4.404/4.404/4.404/0.000 ms [SwitchB] ping ipv6 -c 1 2001::15B:E0EA:3524:E791 Ping6(56 data bytes) 3001::2 --> 2001::15B:E0EA:3524:E791, press CTRL_C to break 56 bytes from 2001::15B:E0EA:3524:E791, icmp_seq=0 hlim=64 time=5.404 ms --- Ping6 statistics for 2001::15B:E0EA:3524:E791 --- 1 packet(s) transmitted, 1 packet(s) received, 0.0% packet loss round-trip min/avg/max/std-dev = 5.404/5.404/5.404/0.000 ms 从Host上也可以ping通Switch B和Switch A，证明它们是互通的。

（6）故障排除

① 故障现象。

无法 Ping 通对端的 IPv6 地址。

② 故障排除。

在任意视图下使用 display ipv6 interface 命令检查接口配置的 IPv6 地址是否正确，接口状态是否为 up。

在用户视图下使用 debugging ipv6 packet 命令打开 IPv6 报文调试开关，根据调试信息进行判断。

第5章　IPv6无状态地址分配

5.1　背景知识

5.1.1　无状态地址简介

无状态地址使用邻居发现协议NDP（Neighbor Discovery Protocol），NDP协议已在本书的第3章做了详细的简介。NDP协议代替了IPv4中的ARP协议（Address Resolution Protocol）、ICMP路由设备发现消息（Router Discovery），并提供了其他功能，如邻居不可达检测（NUD）、重复地址检查（DAD）、地址自动配置等。

5.1.2　无状态地址配置的流程

无状态地址配置方式的流程如下。

1.生成本地链路地址

客户端在启动IPv6功能后，使用本地链路地址前缀FE80::/10＋接口ID生成本地链路地址。相关配置以及检测命令，如表5.1所示。

表5.1　IPv6本地链路地址的生成

IPv6本地链路地址的生成	
[H3C]interface Giga-bitEthernet 0/0 [H3C-GigabitEthernet0/0]ipv6 address auto link-local [H3C-GigabitEthernet0/0]quit [H3C]	[H3C]display ipv6 interface GigabitEthernet 0/0 GigabitEthernet0/0 current state: UP Line protocol current state: UP IPv6 is enabled, link-local address is FE80::32BA:CAFF:FE75:105 　No global unicast address configured 　Joined group address(es): 　　FF02::1 　　FF02::2 　　FF02::1:FF75:105 　MTU is 1500 bytes 　ND DAD is enabled, number of DAD attempts: 1 　ND reachable time is 30000 milliseconds 　ND retransmit interval is 1000 milliseconds 　Hosts use stateless autoconfig for addresses

2.DAD（Duplicate Address Detection）检测

客户端对本地链路地址执行DAD（Duplicate Address Detection）检测，发送NS（Neighbor Solicitation，邻居请求）报文在广播域范围内检测该地址是否冲突。若接收到其他设备发送的NA（Neighbor Advertisement，邻居通告）报文，说明本地链路地址冲突，需要重新设置本地链路地址，设置完毕后还需要执行DAD检测，直到本地链路地址不冲突为止。

3.RS与RA报文交互

客户端发送RS（Router Solicitation，路由器请求）报文。

路由器回应RA（Router Advertisement，路由器应答）报文，包含以下信息：

① 是否使用地址自动配置。

② 标记支持的自动配置类型（无状态或有状态自动配置）。

③ 一个或多个链路前缀（本地链路上的节点可以使用这些前缀完成地址自动配置），链路前缀的生命周期。

④ 发送路由器通告的路由设备是否可作为缺省路由设备，如果可以，还包括此路由设备可作为缺省路由设备的时间（用秒表示）。

⑤ 与客户端相关的其他配置信息，如跳数限制、客户端发起的报文能够使用的最大MTU等。

4.生成全球单播地址

客户端收到RA报文，若RA报文中指定使用无状态地址自动配置，并且携带了正确的链路前缀，使用这些前缀和接口ID生成全球单播地址，然后对每个地址进行DAD检测；若RA报文中指定了使用有状态的方式获取地址外的其他配置信息，则客户端需要发送DHCPv6 Information-request报文请求配置信息；若RA报文中指定使用有状态地址配置，则主机发送DHCPv6 Solicit报文获取地址和其他配置信息。

5.2　细分知识

5.2.1　IPv6 地址前缀与接口 ID 生成

IPv6 无状态自动分配地址，主机或路由器从 RA 报文里获得 64 位前缀，然后通过 EUI-64 规范自动生成 64 bit 的接口标识，然后得到 IPv6 全球单播地址。

默认情况下，路由器发布 RA 报文是处于抑制状态（也就是不发送），避免占用链路带宽，需要使用命令 undo ipv6 nd ra halt，解除抑制 RA 报文发送。

① 在 HCL 模拟平台上，拉取一台路由器 MSR36-20_1 和 Host_1 主机，将 MSR36-20_1 的 GE_0/0 口与主机的 Host_1 VirtualBox Host-Only Network 连接。如图 5.1 所示。

IPv6 2023:5::1/64　　　　**IPv6 2023:5::EUI-64/64**

图 5.1　设备端口连接

② 为路由器 MSR36-20_1 的 GE_0/0 口配置 IPv6 地址 2023:5::1/64，其 IPv6 地址前缀为 2023:5::/64，开启前缀通告。如图 5.2 所示。

```
[H3C-GigabitEthernet0/0]display this
#
interface GigabitEthernet0/0
 port link-mode route
 combo enable copper
 ipv6 address 2023:5::1/64
 ipv6 address auto link-local
 undo ipv6 nd ra halt
#
return
[H3C-GigabitEthernet0/0]
```

图 5.2　接口 IPv6 地址参数相关配置

③ 主机 Host_1 获取 RA 报文中的 64 位前缀，按 EUI-64 规范自动生成 64bit 的接口 ID，然后得到 IPv6 全球单播地址。如图 5.3 所示。

图5.3 IPv6无状态地址获取

5.2.2 路由器通告RA报文详解

Host_1无状态获取地址的过程中，在MSR36-20_1的GE_0/0口开启抓包。通过网络协议分析器wireshark工具对路由器通告RA（router advertisement）报文进行分析，路由器周期组播发送RA报文，报文有IPv6网络的前缀消息，以及其他标志位信息。RA报文type字段值=134。如图5.4所示。

图5.4 RA报文详解

① 在路由器MSR36-20_1的GigabitEthernet0/0接口配置了IPv6全球单播地址2023:5::1/64，并且开启接口RA报文发送机制（undo ipv6 nd ra halt）。RA报文的ICMPv6 type=134，路由器会周期发送RA报文，里面包含IPv6的前缀2023:5::/64。

② 报文的源IP为MSR36-20_1的GigabitEthernet0/0接口的链路本地地址，目的IPv6地址为ff02::1，即该本地链路上所有节点组播地址。源MAC为MSR36-20_1的GigabitEthernet0/0接口的MAC，目的MAC为组播地址ff02::1对应的组播MAC（3333:0000:0001）。

5.2.3　RA报文中Flags字段详解

RA报文中的Flags字段：其中的含义，如图5.5所示。

```
Type: Router Advertisement (134)
Code: 0
Checksum: 0xd2ff [correct]
[Checksum Status: Good]
Cur hop limit: 64
∨ Flags: 0x00
    0... .... = Managed address configuration: Not set
    .0.. .... = Other configuration: Not set
    ..0. .... = Home Agent: Not set
    ...0 0... = Prf (Default Router Preference): Medium (0)
    .... .0.. = Proxy: Not set
    .... ..0. = Reserved: 0
Router lifetime (s): 1800
```

图5.5　RA报文中的Flags字段

① M位：表示是否需要使用DHCPv6来获取IPv6单播地址

M=0（默认）表示使用非DHCPv6来获取IPv6单播地址

M=1，表示使用DHCPv6来获取IPv6单播地址

② O位：表示是否需要使用DHCPv6来获取其他参数（DNS等等）

O=0（默认）表示不需要使用DHCPv6来获取其他参数

O=1表示使用DHCPv6获取其他参数

5.2.4　前缀字段里面的Flags

前缀字段里面的Flags，如图5.6所示。

```
⊟ ICMPv6 Option (Prefix information : 2023:5::/64)
    Type: Prefix information (3)
    Length: 4 (32 bytes)
    Prefix Length: 64
  ⊟ Flag: 0xc0
      1... .... = On-link flag(L): Set
      .1.. .... = Autonomous address-configuration flag(A): Set
      ..0. .... = Router address flag(R): Not set
      ...0 0000 = Reserved: 0
    Valid Lifetime: 2592000
    Preferred Lifetime: 604800
    Reserved
    Prefix: 2023:5:: (2023:5::)
```

图5.6　前缀字段里面的Flags

① L位：表示该RA消息前缀是否分配给本地链路。

L=1（默认）表示该RA消息中前缀是分配给本地链路。

L=0表示该RA消息中前缀不是分配给本地链路。

② A位：表示该前缀能不能用于无状态自动配置。

A=1(默认)表示该前缀可以用于无状态自动配置。

A=0表示该前缀不能被用于无状态自动配置。

以上字段中值都可以通过命令修改。

5.3 项目与任务部署

项目一：探究H3C网络设备IPv6无状态地址分配

【项目简介】

采用一台三层交换机S5820V2-54QS-GE模拟IPv6网络核心交换机，在VLAN1接口上启用IPv6协议栈，配置IPv6地址，开启前缀通告，为IPv6客户端提供IPv6无状态地址分配功能。IPv6客户端分别由一台路由器MSR36-20和一台安装windows10的主机模拟。要求实现采用无状态地址分配的IPv6基础网络互联互通。

【任务分解】

（1）网络拓扑图

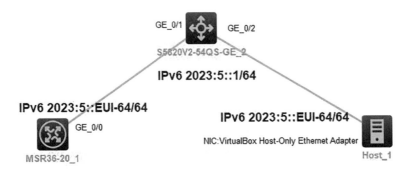

图5.7 项目一网络拓扑图

（2）网络设备连接表

表5.2 项目一网络设备连接表

网络设备名称	接口	网络设备名称	接口
S5820V2-54QS-GE_2	GE_0/1	MSR36-20_1	GE_0/0
S5820V2-54QS-GE_2	GE_0/2	Host_1	VirtualBox Host-Only Network

（3）数据规划表

表5.3　项目一数据规划表

网络设备名称	接口类型与编号	IPv6地址
S5820V2-54QS-GE_2	Vlan-interface1	2023:5::1/64
MSR36-20_1	GE_0/0	无状态地址配置
Host_1	VirtualBox Host-Only Network	无状态地址配置

（4）网络设备配置

表5.4　项目一网络设备配置

S5820V2-54QS-GE_2	# sysname S5820V2-54QS-GE_2 # interface Vlan-interface1 ipv6 address 2023:5::1/64 undo ipv6 nd ra halt #
MSR36-20_1	# sysname MSR36-20_1 # interface GigabitEthernet0/0 port link-mode route combo enable copper ipv6 address auto ipv6 address auto link-local #
Host_1	

（5）验证测试

表5.5　项目一验证测试步骤

设备名称	验证测试步骤
[S5820V2-54QS-GE_2]	[S5820V2-54QS-GE_2]display ipv6 neighbors all Type: S-Static　　D-Dynamic　　O-Openflow　　R-Rule　　I-Invalid IPv6 address　　　Link layer　　　VID Interface/Link ID　State T　Age 2023: 5:: 48F3: AC9D: E36D: 25　0a00-2700-0005　1　　　GE_1/0/2 STALE D　172 D3 FE80:: 48F3: AC9D: E36D: 25D3　0a00-2700-0005　1　　　GE_1/0/2 STALE D　162 2023:5::3611:4FFF:FE6F:20 3411-4f6f-0205 1　GE_1/0/1　　STALE D　75 5 FE80::3611:4FFF:FE6F:205　3411-4f6f-0205 1　GE_1/0/1　　STALE D　65 [S5820V2-54QS-GE_2]
[MSR36-20_1]	[MSR36-20_1]ping ipv6 2023:5::1 Ping6(56 data bytes) 2023: 5:: 3611: 4FFF: FE6F: 205 --> 2023: 5:: 1, press CTRL+C to break 56 bytes from 2023:5::1, icmp_seq=0 hlim=64 time=3.000 ms 56 bytes from 2023:5::1, icmp_seq=1 hlim=64 time=1.000 ms 56 bytes from 2023:5::1, icmp_seq=2 hlim=64 time=1.000 ms 56 bytes from 2023:5::1, icmp_seq=3 hlim=64 time=1.000 ms 56 bytes from 2023:5::1, icmp_seq=4 hlim=64 time=1.000 ms --- Ping6 statistics for 2023:5::1 --- 5 packet(s) transmitted, 5 packet(s) received, 0.0% packet loss round-trip min/avg/max/std-dev = 1.000/1.400/3.000/0.800 ms [MSR36-20_1]ping ipv6 2023:5::48f3:ac9d:e36d:25d3 Ping6(56 data bytes) 2023:5::3611:4FFF:FE6F:205 --> 2023:5::48F3:AC9D:E36D:25D3, press CTRL+C to break 56 bytes from 2023:5::48F3:AC9D:E36D:25D3, icmp_seq=0 hlim=64 time=2.000 ms 56 bytes from 2023:5::48F3:AC9D:E36D:25D3, icmp_seq=1 hlim=64 time=2.000 ms 56 bytes from 2023:5::48F3:AC9D:E36D:25D3, icmp_seq=2 hlim=64 time=2.000 ms 56 bytes from 2023:5::48F3:AC9D:E36D:25D3, icmp_seq=3 hlim=64 time=2.000 ms 56 bytes from 2023:5::48F3:AC9D:E36D:25D3, icmp_seq=4 hlim=64 time=3.000 ms --- Ping6 statistics for 2023:5::48f3:ac9d:e36d:25d3 --- 5 packet(s) transmitted, 5 packet(s) received, 0.0% packet loss round-trip min/avg/max/std-dev = 2.000/2.200/3.000/0.400 ms

续表

设备名称	验证测试步骤
[MSR36-20_1]	[MSR36-20_1]display ipv6 neighbors all Type: S-Static D-Dynamic O-Openflow R-Rule IS-Invalid static IPv6 address MAC address VID Interface State T Aging 2023:5::1 3409-a1b6-0102 -- GE_0/0 STALE D 158 2023: 5:: 48F3: AC9D: E36D: 25D3 0a00-2700-0005 -- GE_0/0 STALE D 135 FE80:: 3609: A1FF: FEB6: 102 3409-a1b6-0102 -- GE_0/0 STALE D 148 FE80:: 48F3: AC9D: E36D: 25D3 0a00-2700-0005 -- GE_0/0 STALE D 126 [MSR36-20_1]

Host_1	C:\Users\Administrator>ping 2023:5::1
	
	正在 Ping 2023:5::1 具有 32 字节的数据:
	来自 2023:5::1 的回复: 时间=2ms
	来自 2023:5::1 的回复: 时间<1ms
	来自 2023:5::1 的回复: 时间<1ms
	来自 2023:5::1 的回复: 时间<1ms
	
	2023:5::1 的 Ping 统计信息:
	    数据包: 已发送 = 4，已接收 = 4，丢失 = 0 (0% 丢失)，
	往返行程的估计时间(以 ms 为单位):
	    最短 = 0ms，最长 = 2ms，平均 = 0ms
	
	C:\Users\Administrator>ping 2023:5::3611:4FFF:FE6F:205
	
	正在 Ping 2023:5::3611:4fff:fe6f:205 具有 32 字节的数据:
	来自 2023:5::3611:4fff:fe6f:205 的回复: 时间=2ms
	来自 2023:5::3611:4fff:fe6f:205 的回复: 时间=2ms
	来自 2023:5::3611:4fff:fe6f:205 的回复: 时间=2ms
	来自 2023:5::3611:4fff:fe6f:205 的回复: 时间=2ms
	
	2023:5::3611:4fff:fe6f:205 的 Ping 统计信息:
	    数据包: 已发送 = 4，已接收 = 4，丢失 = 0 (0% 丢失)，
	往返行程的估计时间(以 ms 为单位):
	    最短 = 2ms，最长 = 2ms，平均 = 2ms
	
	C:\Users\Administrator>

项目二：探究CISCO网络设备IPv6无状态地址分配

【项目简介】

采用一台CISCO3600系列路由器R1模拟IPv6网络互联路由器，启用IPv6协议栈，为相关接口 F_0/0、F_1/0 配置IPv6地址，默认开启前缀通告，为IPv6客户端提供IPv6无状态地址分配功能。IPv6客户端分别由另一台CIS-CO3600系列路由器R2和一台安装windows10操作系统的主机模拟。要求实现采用无状态地址分配的IPv6基础网络互联互通。

【任务分解】

（1）网络拓扑图

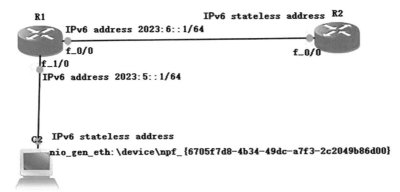

图5.8 项目二网络拓扑图

（2）网络设备连接表

表5.6 项目二网络设备连接表

网络设备名称	接口	网络设备名称	接口
R1	F_0/0	R2	F_0/0
R1	F_1/0	C2	VirtualBox Host-Only Network

（3）数据规划表

表5.7 项目二数据规划表

网络设备名称	接口类型与编号	IPv6地址
R1	F_0/0	2023:5::1/64
R1	F_1/0	2023:6::1/64
R2	F_0/0	IPv6 stateless address
C2	VirtualBox Host-Only Network	IPv6 stateless address

（4）网络设备配置

表5.8　项目二网络设备配置

设备名称	相关配置
R1	! hostname R1 ! ipv6 unicast-routing ! interface FastEthernet0/0 　no ip address 　duplex auto 　speed auto 　ipv6 address 2023:6::1/64 　ipv6 enable ! interface FastEthernet1/0 　no ip address 　duplex auto 　speed auto 　ipv6 address 2023:5::1/64 　ipv6 enable !
R2	R2#sho running-config interface fastEthernet 0/0 Building configuration... Current configuration : 119 bytes ! interface FastEthernet0/0 　no ip address 　duplex auto 　speed auto 　ipv6 address autoconfig default 　ipv6 enable end

设备名称	相关配置
C2	

（5）验证测试

表5.9　项目二验证测试步骤

设备名称	验证测试步骤
R2	R2#sho ipv6 interface fastEthernet 0/0 FastEthernet0/0 is up, line protocol is up 　IPv6 is enabled, link-local address is FE80::CE01:22FF:FE28:0 　Global unicast address(es): 　　2023:6::CE01:22FF:FE28:0, subnet is 2023:6::/64 [PRE] 　　　valid lifetime 2591841 preferred lifetime 604641 　Joined group address(es): 　　FF02::1 　　FF02::2 　　FF02::1:FF28:0 MTU is 1500 bytes ICMP error messages limited to one every 100 milliseconds ICMP redirects are enabled ND DAD is enabled, number of DAD attempts: 1 ND reachable time is 30000 milliseconds ND advertised reachable time is 0 milliseconds ND advertised retransmit interval is 0 milliseconds ND router advertisements are sent every 200 seconds ND router advertisements live for 1800 seconds Hosts use stateless autoconfig for addresses. R2#

续表

设备名称	验证测试步骤
R2	R2#ping ipv6 2023:6::1 Type escape sequence to abort. Sending 5, 100-byte ICMP Echos to 2023:6::1, timeout is 2 seconds: !!!!! Success rate is 100 percent (5/5), round-trip min/avg/max = 28/41/88 ms R2#ping ipv6 2023:5::1 Type escape sequence to abort. Sending 5, 100-byte ICMP Echos to 2023:5::1, timeout is 2 seconds: !!!!! Success rate is 100 percent (5/5), round-trip min/avg/max = 28/44/88 ms R2#
	R2#show ipv6 neighbors IPv6 Address Age Link-layer Addr State Interface 2023:6::1 0 cc00.2228.0000 STALE Fa0/0 FE80::CE00:22FF:FE28:0 0 cc00.2228.0000 REACH Fa0/0 R2#
R1	R1#show ipv6 interface brief FastEthernet0/0 [up/up] FE80::CE00:22FF:FE28:0 2023:6::1 FastEthernet1/0 [up/up] FE80::CE00:22FF:FE28:10 2023:5::1
	R1#show ipv6 neighbors IPv6 Address Age Link-layer Addr State Interface FE80::48F3:AC9D:E36D:25D3 0 0a00.2700.0005 REACH Fa1/0 FE80::CE01:22FF:FE28:0 6 cc01.2228.0000 STALE Fa0/0 2023:6::CE01:22FF:FE28:0 0 cc01.2228.0000 REACH Fa0/0 2023:5::48F3:AC9D:E36D:25D3 0 0a00.2700.0005 REACH Fa1/0

续表

设备名称	验证测试步骤

Host	C:\Users\Administrator>ipconfig
	
	Windows IP 配置
	
	以太网适配器 VirtualBox Host−Only Network:
	
	   连接特定的 DNS 后缀 . . . . :
	   IPv6 地址 . . . . : 2023:5::48f3:ac9d:e36d:25d3
	   本地链接 IPv6 地址 . . . . : fe80::48f3:ac9d:e36d:25d3%5
	   自动配置 IPv4 地址 . . . . . . : 169.254.37.211
	   子网掩码 . . . . : 255.255.0.0
	   默认网关. . . . . : fe80::ce00:22ff:fe28:10%5
	
	C:\Users\Administrator>ping 2023:5::1
	
	正在 Ping 2023:5::1 具有 32 字节的数据:
	来自 2023:5::1 的回复: 时间=21ms
	来自 2023:5::1 的回复: 时间=16ms
	来自 2023:5::1 的回复: 时间=16ms
	来自 2023:5::1 的回复: 时间=16ms
	
	2023:5::1 的 Ping 统计信息:
	   数据包: 已发送 = 4, 已接收 = 4, 丢失 = 0 (0% 丢失),
	往返行程的估计时间(以 ms 为单位):
	   最短 = 16ms, 最长 = 21ms, 平均 = 17ms
	
	C:\Users\Administrator>ping 2023:6::1
	
	正在 Ping 2023:6::1 具有 32 字节的数据:
	来自 2023:6::1 的回复: 时间=17ms
	来自 2023:6::1 的回复: 时间=15ms
	来自 2023:6::1 的回复: 时间=16ms
	来自 2023:6::1 的回复: 时间=15ms
	
	2023:6::1 的 Ping 统计信息:
	   数据包: 已发送 = 4, 已接收 = 4, 丢失 = 0 (0% 丢失),
	往返行程的估计时间(以 ms 为单位):
	   最短 = 15ms, 最长 = 17ms, 平均 = 15ms
	
	C:\Users\Administrator>

第6章 DHCPv6

6.1 背景知识

6.1.1 DHCPv6概述

DHCPv6（Dynamic Host Configuration Protocol for IPv6，支持IPv6的动态主机配置协议）是针对IPv6编址方案设计的，为主机分配IPv6前缀、IPv6地址和其他网络配置参数的协议。

与其他IPv6地址分配方式（包括手工配置、通过路由器公告消息中的网络前缀无状态自动配置等，关于这两种形式的配置，DHCPv6具有以下优点：

① 更好地控制地址的分配。通过DHCPv6不仅可以记录为主机分配的地址，还可以为特定主机分配特定的地址，以便于网络管理。

② 为客户端分配前缀，以便于全网络的自动配置和管理。

③ 除了IPv6前缀、IPv6地址外，还可以为主机分配DNS服务器、域名后缀等网络配置参数。

6.1.2 DHCPv6地址/前缀分配过程

DHCPv6服务器为客户端分配地址/前缀的过程分为两类：

➤ 交互两个消息的快速分配过程。

➤ 交互四个消息的分配过程。

1.交互两个消息的快速分配过程

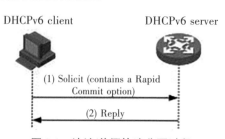

图6.1 地址/前缀快速分配过程

如图6.1所示，地址/前缀快速分配过程为：

① DHCPv6客户端在向DHCPv6服务器发送的Solicit消息中携带Rapid Commit选项，标识客户端希望服务器能够快速为其分配地址/前缀和其他网络配置参数。

② 如果DHCPv6服务器支持快速分配过程，则直接返回Reply消息，为客户端分配IPv6地址/前缀和其他网络配置参数。如果DHCPv6服务器不支持快速分配过程，则采用"交互四个消息的分配过程"为客户端分配IPv6地址/前缀和其他网络配置参数。

2.交互四个消息的分配过程

交互四个消息的分配过程如图6.2所示。

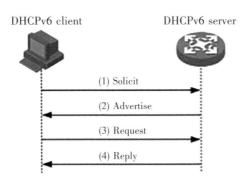

图6.2 交互四个消息的分配过程

交互四个消息分配过程的简述如表6.1。

表6.1 交互四个消息的分配过程

发送消息	说明
Solicit	DHCPv6客户端发送该消息，请求DHCPv6服务器为其分配IPv6地址/前缀和网络配置参数
Advertise	如果Solicit消息中没有携带Rapid Commit选项，或Solicit消息中携带Rapid Commit选项，但服务器不支持快速分配过程，则DHCPv6服务器回复该消息，通知客户端可以为其分配的地址/前缀和网络配置参数
Request	如果DHCPv6客户端接收到多个服务器回复的Advertise消息，则根据消息接收的先后顺序、服务器优先级等，选择其中一台服务器，并向该服务器发送Request消息，请求服务器确认为其分配地址/前缀和网络配置参数
Reply	DHCPv6服务器回复该消息，确认将地址/前缀和网络配置参数分配给客户端使用

3.地址/前缀租约更新过程

DHCPv6 服务器分配给客户端的 IPv6 地址/前缀具有一定的租借期限，该租借期限称为租约。租借期限由有效生命期决定。地址/前缀的租借时间到达有效生命期后，DHCPv6 客户端不能再使用该地址/前缀。在有效生命期到达之前，如果 DHCPv6 客户端希望继续使用该地址/前缀，则需要申请延长地址/前缀租约。

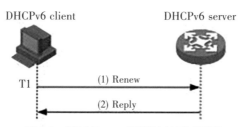

图6.3　通过 Renew 更新地址/前缀租约

如图 6.3 所示，地址/前缀租借时间到达时间 T1（推荐值为首选生命期的一半）时，DHCPv6 客户端会向为它分配地址/前缀的 DHCPv6 服务器发送 Renew 报文，以进行地址/前缀租约的更新。如果客户端可以继续使用该地址/前缀，则 DHCPv6 服务器回应续约成功的 Reply 报文，通知 DHCPv6 客户端已经成功更新地址/前缀租约；如果该地址/前缀不可以再分配给该客户端，则 DHCPv6 服务器回应续约失败的 Reply 报文，通知客户端不能获得新的租约。

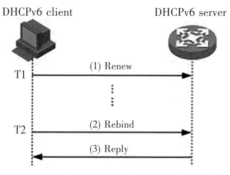

图6.4　通过 Rebind 更新地址/前缀租约

如图 6.4 所示，如果在 T1 时发送 Renew 请求更新租约，但是没有收到 DHCPv6 服务器的回应报文，则 DHCPv6 客户端会在 T2（推荐值为首选生命期的 0.8 倍）时，向所有 DHCPv6 服务器组播发送 Rebind 报文请求更新租约。
如果客户端可以继续使用该地址/前缀，则 DHCPv6 服务器回应续约成功的
Reply 报文，通知 DHCPv6 客户端已经成功更新地址/前缀租约；如果该地址/
前缀不可以再分配给该客户端，则 DHCPv6 服务器回应续约失败的 Reply 报
文，通知客户端不能获得新的租约；如果 DHCPv6 客户端没有收到服务器的
应答报文，则到达有效生命期后，客户端停止使用该地址/前缀。

6.1.3　DHCPv6 无状态配置

DHCPv6 服务器可以为已经具有 IPv6 地址/前缀的客户端分配其他网络配
置参数，该过程被称为 DHCPv6 无状态配置。地址无状态自动配置是指节点
根据路由器发现/前缀发现所获取的信息，自动配置 IPv6 地址。如图 6.5 所示。

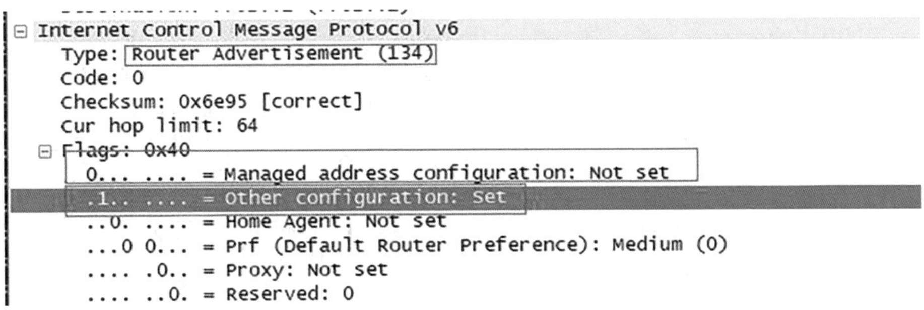

```
⊟ Internet Control Message Protocol v6
    Type: Router Advertisement (134)
    Code: 0
    Checksum: 0x6e95 [correct]
    Cur hop limit: 64
  ⊟ Flags: 0x40
      0... .... = Managed address configuration: Not set
      .1.. .... = Other configuration: Set
      ..0. .... = Home Agent: Not set
      ...0 0... = Prf (Default Router Preference): Medium (0)
      .... .0.. = Proxy: Not set
      .... ..0. = Reserved: 0
```

图 6.5　Other 位取值为 1

DHCPv6 客户端通过地址无状态自动配置功能成功获取 IPv6 地址后，如
果接收到的 RA（Router Advertisement，路由器通告）报文中 M 标志位（Man-
aged address configuration flag，被管理地址配置标志位）取值为 0、O 标志位
（Other stateful configuration flag，其他配置标志位）取值为 1，如图 6.5 所示，
则 DHCPv6 客户端会自动启动 DHCPv6 无状态配置功能，以获取除地址/前缀
外的其他网络配置参数。

6.1.4　DHCPv6 服务器

1.DHCPv6 服务器为客户端分配网络配置参数

为了便于集中管理 IPv6 地址，简化网络配置，DHCPv6 服务器可以用来为
DHCPv6 客户端提供诸如 IPv6 地址、域名后缀、DNS 服务器地址等网络配置参

数。DHCPv6客户端根据服务器分配的参数来实现主机的配置。如图6.6所示。

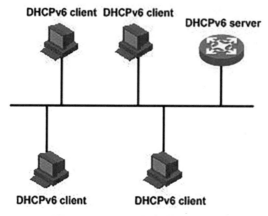

图6.6　DHCPv6服务器应用环境

DHCPv6服务器为客户端分配的IPv6地址分为以下两类：

① 临时IPv6地址：在短期内经常变化且不用续约的地址；

② 非临时IPv6地址：正常使用，可以进行续约的地址。

2.DHCPv6服务器为客户端分配IPv6前缀

为了便于集中管理IPv6地址，简化网络配置，DHCPv6服务器可以用来为DHCPv6客户端分配IPv6前缀。DHCPv6客户端获取到IPv6前缀后，向所在网络组播发送包含该前缀信息的RA消息，以便网络内的主机根据该前缀自动配置IPv6地址。如图6.7所示。

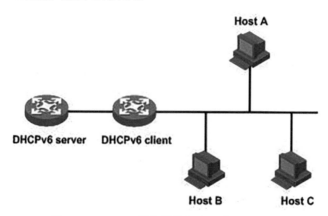

图6.7　DHCPv6服务器前缀分配应用组网图

6.2 细分知识

6.2.1 DHCPv6的几个重要的基本概念

1.DHCPv6采用的组播地址

DHCPv6采用组播地址FF05::1:3来表示站点本地范围内所有的DHCPv6服务器；采用组播地址FF02::1:2来表示链路本地范围内所有的DHCPv6服务器和中继。

2.DUID

DUID（DHCP Unique Identifier，DHCP唯一标识符）是一台DHCPv6设备（包括客户端、服务器和中继）的唯一标识。在DHCPv6报文交互过程中，DHCPv6客户端、服务器和中继通过在报文中添加DUID来标识自己。如图6.8所示。

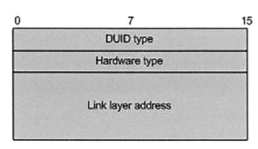

图6.8 DUID-LL结构

① DUID type：DUID类型。设备支持的DUID类型为DUID-LL，取值为0x0003。

② Hardware type：硬件类型。设备支持的硬件类型为以太网，取值为0x0001。

③ Link layer address：链路层地址。取值为设备的桥MAC地址。

3.IA

IA（Identity Association，标识联盟）用于管理分配给客户端的一组地址和前缀等信息，通过IAID标识。一个客户端可以有多个IA，如客户端的每个接口拥有一个IA，IA用来管理该接口获取的地址和前缀等信息，如图6.9所示。

IAID是IA的标识符，由客户端选择。在一个客户端上不同IA的IAID不能相同。如图6.9所示。

```
以太网适配器 以太网:

    连接特定的 DNS 后缀 . . . . . . . : d
    描述. . . . . . . . . . . . . . : Realtek PCIe GbE Family Controller
    物理地址. . . . . . . . . . . . : 68-F7-28-F4-57-A5
    DHCP 已启用 . . . . . . . . . . : 是
    自动配置已启用. . . . . . . . . : 是
    IPv6 地址 . . . . . . . . . . . : 2023:4:19:504:2e0:fcff:fe12:3456(首选)
    本地链接 IPv6 地址. . . . . . . : fe80::1d2d:c94:cb:d6a2%3(首选)
    IPv4 地址 . . . . . . . . . . . : 172.18.9.79(首选)
    子网掩码. . . . . . . . . . . . : 255.255.255.0
    获得租约的时间. . . . . . . . . : 2023年5月29日 9:22:04
    租约过期的时间. . . . . . . . . : 2023年6月5日 9:22:02
    默认网关. . . . . . . . . . . . : 172.18.9.1
    DHCP 服务器 . . . . . . . . . . : 172.18.0.100
    DHCPv6 IAID . . . . . . . . . . : 107542312
    DHCPv6 客户端 DUID . . . . . . . : 00-01-00-01-2B-CF-BE-24-68-F7-28-F4-57-A5
    DNS 服务器 . . . . . . . . . . . : 202.96.134.33
                                       202.96.128.86
    TCPIP 上的 NetBIOS . . . . . . . : 已启用
```

图6.9   DUID，IAID信息

4.PD

PD（Prefix Delegation，前缀授权）是DHCPv6服务器为分配的前缀创建的前缀绑定信息，前缀绑定信息中记录了IPv6前缀、客户端DUID、IAID、有效时间、首选时间、租约过期时间、申请前缀的客户端的IPv6地址等信息。

6.2.2   DHCPv6地址池

每个DHCPv6地址池都拥有一组可供分配的IPv6地址、IPv6前缀和网络配置参数。DHCPv6服务器从地址池中为客户端选择并分配IPv6地址、IPv6前缀及其他参数。

1.DHCPv6地址池的地址管理方式

DHCPv6地址池的地址管理方式有以下几种：静态绑定IPv6地址，即通过将客户端DUID和IAID与IPv6地址绑定的方式，实现为特定的客户端分配特定的IPv6地址；动态选择IPv6地址，即在地址池中指定可供分配的IPv6地址范围，当收到客户端的IPv6地址申请时，从该地址范围中动态选择IPv6地址，分配给该客户端。

在DHCPv6地址池中指定可供分配的IPv6地址范围时，需要：

① 指定动态分配的IPv6地址网段。

② 将该网段划分为非临时地址范围和临时地址范围。每个地址范围内的地址必须属于该网段，否则无法分配。

采用动态选择IPv6地址方式时，如果接收到客户端的地址申请，则DHCPv6服务器选择一个合适的地址池，并按照客户端申请的地址类型（非临时地址或临时地址），从该地址池对应的地址范围（非临时地址范围或临时地址范围）中选择合适的IPv6地址分配给客户端。

2.DHCPv6地址池的前缀管理方式

DHCPv6地址池的前缀管理方式有以下几种：静态绑定IPv6前缀，即通过将客户端DUID和IAID与IPv6前缀绑定的方式，实现为特定的客户端分配特定的IPv6前缀；动态选择IPv6前缀，即在地址池中指定可供分配的IPv6前缀范围，当收到客户端的IPv6前缀申请时，从该前缀范围中动态选择IPv6前缀，分配给该客户端。

在DHCPv6地址池中指定可供分配的IPv6前缀范围时，需要：

① 创建前缀池，指定前缀池中包括的IPv6前缀范围。

② 在地址池中指定动态分配的IPv6地址网段。

③ 在地址池中引用前缀池。

3.地址池的选取原则

DHCPv6服务器为客户端分配IPv6地址或前缀时，地址池的选择原则如下：

① 如果存在将客户端DUID、IAID与IPv6地址或前缀静态绑定的地址池，则选择该地址池，并将静态绑定的IPv6地址或前缀、该地址池中的网络参数分配给客户端。

② 如果接收到DHCPv6请求报文的接口引用了某个地址池，则选择该地址池，从该地址池中选取IPv6地址或前缀、网络配置参数分配给客户端。

③ 如果不存在静态绑定的地址池，且接收到DHCPv6请求报文的接口没有引用地址池，则按照以下方法选择地址池：

A.如果客户端与服务器在同一网段，则将接收到DHCPv6请求报文的接口的IPv6地址与所有地址池配置的网段进行匹配，并选择最长匹配的网段所对应的地址池。

B.如果客户端与服务器不在同一网段，即客户端通过DHCPv6中继获取IPv6地址或前缀，则将离DHCPv6客户端最近的DHCPv6中继接口的IPv6地址与所有地址池配置的网段进行匹配，并选择最长匹配的网段所对应的地址池。

配置地址池动态分配的网段和IPv6地址范围时，请尽量保证与DHCPv6服务器接口或DHCPv6中继接口的IPv6地址所在的网段一致，以免分配错误的IPv6地址。

6.2.3　配置为DHCPv6客户端分配IPv6地址

可以通过以下两种方式配置DHCPv6服务器为DHCPv6客户端分配IPv6地址。

1.在地址池中配置静态绑定地址

指定DUID、IAID及地址的静态绑定关系后，如果DHCPv6请求报文中的DUID、IAID与静态绑定的DUID、IAID都相同，则将静态绑定的地址分配给此DHCPv6客户端。

如果只指定了DUID和地址的绑定关系，没有指定静态绑定的IAID，则只要请求报文中的DUID与静态绑定的DUID相同，就将静态绑定的地址分配给此DHCPv6客户端。

2.在地址池中配置动态分配的地址网段和地址范围

在进行非临时地址分配时，如果没有在地址池下通过address range命令配置动态分配的IPv6非临时地址范围，则network命令指定的网段内的单播地址都可以分配给DHCPv6客户端。

如果配置了address range命令，则只会从该地址范围内分配IPv6非临时地址，即使该范围内的地址分配完毕，也不会从network命令指定的地址范围内分配IPv6非临时地址。

在进行临时地址分配时，如果没有在地址池下通过temporary address range命令配置动态分配的IPv6临时地址范围，则地址池无法分配临时地址。

如果配置了temporary address range命令，则只会从该地址范围内分配

IPv6临时地址，不会从network或者address range命令配置的地址范围内分配临时地址。

6.3 项目部署与任务分解

项目一：探究DHCPv6四个消息的交互过程

【项目简介】

在HCL平台上，拉取一台三层交换机S5820V2-54QS-GE 模拟DHCPv6 Server，拉取一台MSR36-20模拟DHCPv6 client，将HOST主机的VirtualBox Host-Only Network网卡连入网络作为Windows10 DHCPv6客户端。

【任务分解】

（1）网络拓扑图（如图6.10所示）

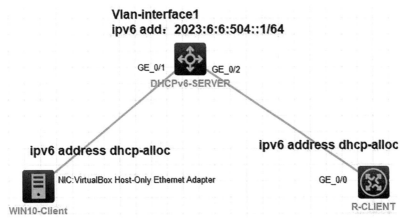

图6.10 项目一网络拓扑图

（2）网络设备连接表

表6.2 项目一网络设备连接表

网络设备名称	接口	网络设备名称	接口
DHCPv6-SERVER	GE_0/1	WIN10-Client	VirtualBox Host-Only Network
DHCPv6-SERVER	GE_0/2	R-CLIENT	GE_0/0

（3）数据规划表

表6.3　项目一数据规划表

网络设备名称	接口类型与编号	IPv6地址
DHCPv6-SERVER	Vlan-interface1	2023:6:6:504::1
R-CLIENT	GE_0/0	dhcp-alloc
WIN10-Client	VirtualBox Host-Only Network	dhcp-alloc

（4）网络设备配置

表6.4　项目一网络设备配置

设备名称	相关配置
DHCPv6Server	[DHCPv6Server] # sysname DHCPv6Server # dhcp enable # vlan 1 # ipv6 dhcp pool test network 2023:6:6:504::/64 address range 2023:6:6:504::1000 2023:6:6:504::2000 dns-server 24C0::6666 domain-name dhcpv6.test # interface Vlan-interface1 ipv6 dhcp select server ipv6 dhcp server apply pool test ipv6 address 2023:6:6:504::1/64 ipv6 address auto link-local #
R-Client	[R-Client]display current-configuration interface GigabitEthernet 0/0 # interface GigabitEthernet0/0 port link-mode route combo enable copper ipv6 address auto link-local ipv6 address dhcp-alloc # return

（5）验证测试

表6.5　项目一验证测试步骤

设备名称	验证测试步骤
DHCPv6Server	[DHCPv6Server]display ipv6 dhcp server ip-in-use Pool: test IPv6 address　　　　　　　　　Type　　　Lease expiration 2023:6:6:504::1000　　　　　　Auto(C)　Jul 6 16:33:48 2023 2023:6:6:504::1001　　　　　　Auto(C)　Jul 6 16:34:57 2023
R-Client	[R-Client]display ipv6 interface brief *down: administratively down (s): spoofing Interface　　　　　　　　　　Physical Protocol IPv6 Address GigabitEthernet0/0　　　　　up　　　up　　　2023:6:6:504::1001 GigabitEthernet0/1　　　　　down　　down　　Unassigned GigabitEthernet0/2　　　　　down　　down　　Unassigned GigabitEthernet5/0　　　　　down　　down　　Unassigned GigabitEthernet5/1　　　　　down　　down　　Unassigned GigabitEthernet6/0　　　　　down　　down　　Unassigned GigabitEthernet6/1　　　　　down　　down　　Unassigned Serial1/0　　　　　　　　　down　　down　　Unassigned Serial2/0　　　　　　　　　down　　down　　Unassigned Serial3/0　　　　　　　　　down　　down　　Unassigned Serial4/0　　　　　　　　　down　　down　　Unassigned [R-Client]
HOST	C:\Users\Administrator>ipconfig /renew6 以太网适配器 VirtualBox Host-Only Network: 　连接特定的 DNS 后缀 . . . . : dhcpv6.test 　IPv6 地址 . . . . : 2023:6:6:504::1000 　本地链接 IPv6 地址 . . . . : fe80::503b:742d:9858:4558%7 　自动配置 IPv4 地址 . . . . . . : 169.254.69.88 　子网掩码 . . . . : 255.255.0.0 　默认网关. . . . . : C:\Users\Administrator>ipconfig /all

续表

设备名称	验证测试步骤
HOST	以太网适配器 VirtualBox Host-Only Network: 连接特定的 DNS 后缀 . . . . : dhcpv6.test 描述 . . . . : VirtualBox Host-Only Ethernet Adapter 物理地址 . . . . : 0A-00-27-00-00-07 DHCP 已启用 . . . . : 是 自动配置已启用 . . . . : 是 IPv6 地址 . . . . : 2023:6:6:504::1000(首选) 获得租约的时间 . . . . : 2023 年 6 月 6 日 15:31:14 租约过期的时间 . . . . : 2023 年 7 月 6 日 15:53:36 本地链接 IPv6 地址 . . . . : fe80::503b:742d:9858:4558%7(首选) 自动配置 IPv4 地址 . . . . : 169.254.69.88(首选) 子网掩码 . . . . : 255.255.0.0 默认网关 . . . . : DHCPv6 IAID . . . . : 168427559 DHCPv6 客户端 DUID . . . . : 00-01-00-01-2B-CF-BE-24-68-F7-28-F4-57-A5 DNS 服务器 . . . . : 24c0::6666 TCPIP 上的 NetBIOS . . . . : 已启用 连接特定的 DNS 后缀搜索列表: dhcpv6.test

（6）探究DHCPv6 SERVER交互消息

在 HOST 主机端，启用wireshark Network Protocol Analyzer抓取 HOST 主机 VirtualBox Host-Only Network 网卡通过 DHCPv6 获取 IPv6 地址与 DHCPv6 SERVER交互的四个消息的分配过程。

① Solicit 消息。

DHCPv6客户端发送该消息，请求 DHCPv6 服务器为其分配IPv6 地址/前缀和网络配置参数。DHCPv6的消息类型为：Solicit，DHCPv6

客户端 DUID . . . . : 00-01-00-01-2B-CF-BE-24-68-F7-28-F4-57-A5，如图6.11所示。

```
  76 15623.3279 fe80::503b:742d:985ff02::1:2          DHCPv6   157 Solicit XID: 0x5999bd CID: 000100012bcfbe2468f728f457a5
```

```
⊞ Frame 76: 157 bytes on wire (1256 bits), 157 bytes captured (1256 bits)
⊞ Ethernet II, Src: 0a:00:27:00:00:07 (0a:00:27:00:00:07), Dst: IPv6mcast_00:01:00:02 (33:33:00:01:00:02)
⊞ Internet Protocol Version 6, Src: fe80::503b:742d:9858:4558 (fe80::503b:742d:9858:4558), Dst: ff02::1:2 (ff02::1:2)
⊟ User Datagram Protocol, Src Port: dhcpv6-client (546), Dst Port: dhcpv6-server (547)
    Source port: dhcpv6-client (546)
    Destination port: dhcpv6-server (547)
    Length: 103
  ⊞ Checksum: 0xae43 [validation disabled]
⊟ DHCPv6
    Message type: Solicit (1)
    Transaction ID: 0x5999bd
  ⊞ Elapsed time
  ⊟ Client Identifier: 000100012bcfbe2468f728f457a5
      Option: Client Identifier (1)
      Length: 14
      Value: 000100012bcfbe2468f728f457a5
      DUID type: link-layer address plus time (1)
      Hardware type: Ethernet (1)
      Time: Apr 17, 2023 16:21:56 中国标准时间
      Link-layer address: 68:f7:28:f4:57:a5
  ⊟ Identity Association for Non-temporary Address
      Option: Identity Association for Non-temporary Address (3)
      Length: 12
      value: 0a0a00270000000000000000
      IAID: 0a0a0027
      T1: 0
      T2: 0
  ⊞ Fully Qualified Domain Name
  ⊞ Vendor Class
  ⊟ Option Request
      Option: Option Request (6)
      Length: 8
      Value: 0011001700180027
      Requested Option code: Vendor-specific Information (17)
      Requested Option code: DNS recursive name server (23)
      Requested Option code: Domain Search List (24)
```

图6.11　Solicit消息

② Advertise消息。

如果 Solicit 消息中没有携带 Rapid Commit 选项，或 Solicit 消息中携带 Rapid Commit 选项，但服务器不支持快速分配过程，则 DHCPv6 服务器回复该消息，通知客户端可以为其分配的地址/前缀和网络配置参数。

ipv6 dhcp pool test

network 2023:6:6:504::/64

address range 2023:6:6:504::1000 2023:6:6:504::2000

dns-server 24C0::6666

domain-name dhcpv6.test

Advertise 消息中的 IA Address：2023:6:6:504::1000，DNS Servers address：24C0::6666 以及 Domain 参数：dhcpv6.test，由 DHCP 地址池中定义的地址以及相关参数决定。如图6.12所示。

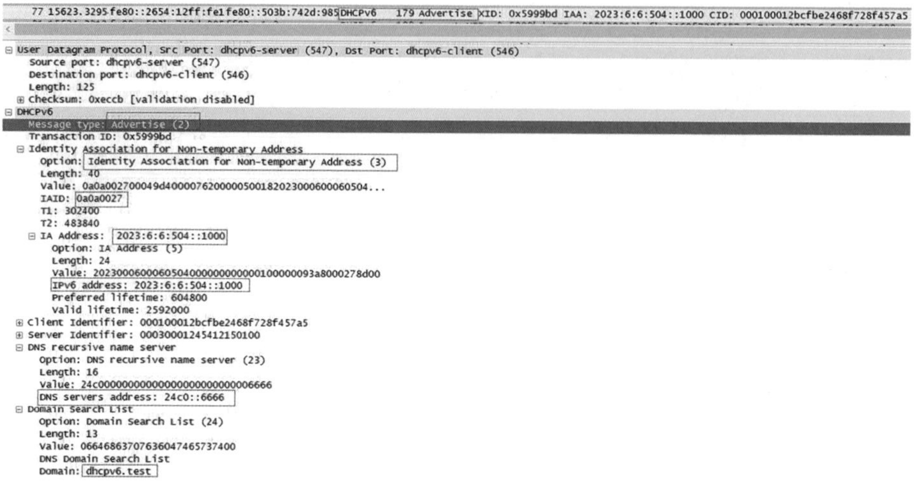

```
77 15623.3295 fe80::2654:12ff:fe1 fe80::503b:742d:985 DHCPv6    179 Advertise XID: 0x5999bd IAA: 2023:6:6:504::1000 CID: 000100012bcfbe2468f728f457a5
```

```
User Datagram Protocol, Src Port: dhcpv6-server (547), Dst Port: dhcpv6-client (546)
  Source port: dhcpv6-server (547)
  Destination port: dhcpv6-client (546)
  Length: 125
  Checksum: 0xeccb [validation disabled]
DHCPv6
  Message type: Advertise (2)
  Transaction ID: 0x5999bd
  Identity Association for Non-temporary Address
    Option: Identity Association for Non-temporary Address (3)
    Length: 40
    Value: 0a0a002700049d4000076200000500182023000060504...
    IAID: 0a0a0027
    T1: 302400
    T2: 483840
    IA Address: 2023:6:6:504::1000
      Option: IA Address (5)
      Length: 24
      Value: 202300060006050400000000000000100000093a8000278d00
      IPv6 address: 2023:6:6:504::1000
      Preferred lifetime: 604800
      Valid lifetime: 2592000
  Client Identifier: 000100012bcfbe2468f728f457a5
  Server Identifier: 00030001245412150100
  DNS recursive name server
    Option: DNS recursive name server (23)
    Length: 16
    Value: 24c0000000000000000000000006666
    DNS servers address: 24c0::6666
  Domain Search List
    Option: Domain Search List (24)
    Length: 13
    Value: 0666486370763604746573740400
    DNS Domain Search List
    Domain: dhcpv6.test
```

图6.12 Advertise消息

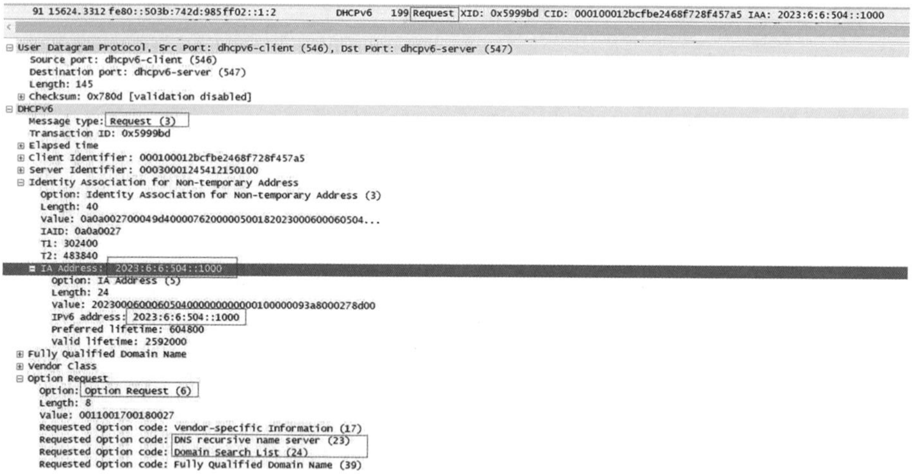

```
91 15624.3312 fe80::503b:742d:985 ff02::1:2       DHCPv6    199 Request XID: 0x5999bd CID: 000100012bcfbe2468f728f457a5 IAA: 2023:6:6:504::1000
```

```
User Datagram Protocol, Src Port: dhcpv6-client (546), Dst Port: dhcpv6-server (547)
  Source port: dhcpv6-client (546)
  Destination port: dhcpv6-server (547)
  Length: 145
  Checksum: 0x780d [validation disabled]
DHCPv6
  Message type: Request (3)
  Transaction ID: 0x5999bd
  Elapsed time
  Client Identifier: 000100012bcfbe2468f728f457a5
  Server Identifier: 00030001245412150100
  Identity Association for Non-temporary Address
    Option: Identity Association for Non-temporary Address (3)
    Length: 40
    Value: 0a0a002700049d4000076200000500182023000060504...
    IAID: 0a0a0027
    T1: 302400
    T2: 483840
    IA Address: 2023:6:6:504::1000
      Option: IA Address (5)
      Length: 24
      Value: 202300060006050400000000000000100000093a8000278d00
      IPv6 address: 2023:6:6:504::1000
      Preferred lifetime: 604800
      Valid lifetime: 2592000
  Fully Qualified Domain Name
  Vendor Class
  Option Request
    Option: Option Request (6)
    Length: 8
    Value: 0011001700180027
    Requested Option code: vendor-specific Information (17)
    Requested Option code: DNS recursive name server (23)
    Requested Option code: Domain Search List (24)
    Requested Option code: Fully Qualified Domain Name (39)
```

图6.13 Request消息

③ Request消息。

如果DHCPv6客户端接收到多个服务器回复的Advertise消息，则根据消息接收的先后顺序、服务器优先级等，选择其中一台服务器，并向该服务器发送Request消息，请求服务器确认为其分配地址/前缀和网络配置参数。如图6.13所示。

④ Reply消息。

DHCPv6服务器回复该消息，确认将地址/前缀和网络配置参数分配给客户端使用。如图6.14所示。

```
92 15624.3328 fe80::2654:12ff:fe1fe80::503b:742d:985 DHCPv6   179 Reply XID: 0x5999bd IAA: 2023:6:6:504::1000 CID: 000100012bcfbe2468f728f457a5
User Datagram Protocol, Src Port: dhcpv6-server (547), Dst Port: dhcpv6-client (546)
    Source port: dhcpv6-server (547)
    Destination port: dhcpv6-client (546)
    Length: 125
  checksum: 0xe7cb [validation disabled]
DHCPv6
    Message type: Reply (7)
    Transaction ID: 0x5999bd
  Identity Association for Non-temporary Address
      option: Identity Association for Non-temporary Address (3)
      Length: 40
      Value: 0a0a002700049d400007620000050018202300600060504...
      IAID: 0a0a0027
      T1: 302400
      T2: 483840
    IA Address: 2023:6:6:504::1000
        option: IA Address (5)
        Length: 24
        Value: 202300060006050400000000000000100000093a8000278d00
        IPv6 address: 2023:6:6:504::1000
        Preferred lifetime: 604800
        valid lifetime: 2592000
  Client Identifier: 000100012bcfbe2468f728f457a5
  Server Identifier: 00030001245412150100
  DNS recursive name server
      option: DNS recursive name server (23)
      Length: 16
      value: 24c0000000000000000000000006666
      DNS servers address: 24C0::6666
  Domain Search List
      option: Domain Search List (24)
      Length: 13
      value: 0664686370763604746573740 0
      DNS Domain Search List
      Domain: dhcpv6.test
```

图6.14 Request消息

项目二：探究DHCPv6 Relay技术的应用

【项目简介】

在HCL平台上，拉取一台三层交换机S5820V2-54QS-GE 模拟DHCPv6 Relay中继，拉取一台MSR36-20模拟DHCPv6 SERVER，将HOST主机的Vir-tualBox Host-Only Network网卡连入网络模拟Windows10 DHCPv6客户端。

【任务分解】

（1）网络拓扑图（如图6.15所示）

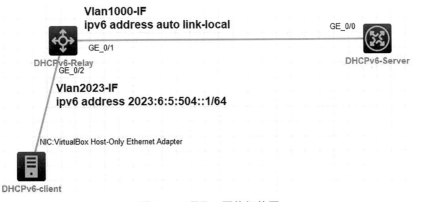

图6.15 项目二网络拓扑图

（2）网络设备连接表

表6.6　项目二网络设备连接表

网络设备名称	接口	网络设备名称	接口
DHCPv6-Relay	GE_0/1	DHCPv6-Server	GE_0/0
	GE_0/2	DHCPv6-Client	VirtualBox Host-Only Network

（3）数据规划表

表6.7　项目二数据规划表

网络设备名称	接口类型与编号	IPv6 地址
DHCPv6-Relay	Vlan-interface1000	FE80::1C4E:55FF:FE93:202
	Vlan-interface2023	2023:6:5:504::1
DHCPv6-Server	GigabitEthernet0/0	FE80::1C4E:45FF:FE78:105
DHCPv6-Client	VirtualBox Host-Only Network	DHCPv6 自动获取

（4）网络设备配置

表6.8　项目二网络设备配置

设备名称	相关配置
DHCPv6-Relay	[DHCPv6-Relay]display current-configuration # sysname DHCPv6-Relay # dhcp enable # vlan 1000 # vlan 2023 # interface Vlan-interface1000 ipv6 address auto link-local # interface Vlan-interface2023 ipv6 dhcp select relay ipv6 dhcp relay server-address FE80:: 1C4E: 45FF: FE78: 105 interface Vlan-interface1000 ipv6 address 2023:6:5:504::1/64 # # interface GigabitEthernet1/0/1 port link-mode bridge

设备名称	相关配置
DHCPv6-Relay	port access vlan 1000 combo enable fiber # interface GigabitEthernet1/0/2 port link−mode bridge port access vlan 2023 combo enable fiber # ipv6 route−static :: 0 Vlan−interface1000 FE80::1C4E:45FF:FE78:105 #
DHCPv6-Server	[DHCPv6−Server]display current−configuration # sysname DHCPv6−Server # dhcp enable # ipv6 dhcp pool test network 2023:6:5:504::/64 dns−server 240C::6666 domain−name h3c.test # interface GigabitEthernet0/0 port link−mode route combo enable copper ipv6 dhcp select server ipv6 dhcp server apply pool test allow−hint rapid−commit ipv6 address auto link−local # ipv6 route−static 2023:6:5:504:: 64 GigabitEthernet0/0 FE80::1C4E:55FF: FE93:202 #

（5）验证测试

表6.9　项目二验证测试步骤

设备名称	验证测试步骤
DHCPv6-Server	[DHCPv6−Server]display ipv6 dhcp server ip−in−use Pool: test IPv6 address Hardware address Type Lease expiration 2023:6:5:504::2 N/A Auto(C) Jul 5 11:48:25 2023 [DHCPv6−Server]display ipv6 dhcp server Interface Pool GigabitEthernet0/0 test

续表

设备名称	验证测试步骤

DHCPv6-Relay	[DHCPv6-Relay]display ipv6 dhcp relay statistics interface Vlan-interface 2023
	Packets dropped : 1
	Packets received : 38
	  Solicit : 24
	  Request : 2
	  Confirm : 0
	  Renew : 3
	  Rebind : 0
	  Release : 0
	  Decline : 1
	  Information-request : 0
	  Relay-forward : 0
	  Relay-reply : 8
	Packets sent : 37
	  Advertise : 2
	  Reconfigure : 0
	  Reply : 6
	  Relay-forward : 29
	Relay-reply : 0
	[DHCPv6-Relay]display ipv6 dhcp relay server-address interface Vlan-interface 2023
	Interface: Vlan-interface2023
	 Server address Outgoing Interface
	 FE80::1C4E:45FF:FE78:105 Vlan-interface1000
	[DHCPv6-Relay]

HOST	C:\Users\Administrator>ipconfig /all
	
	Windows IP 配置
	以太网适配器 VirtualBox Host-Only Network:
	
	   连接特定的 DNS 后缀 . . . . : h3c.test
	   描述 . . . . : VirtualBox Host-Only Ethernet Adapter
	   物理地址 . . . . : 0A-00-27-00-00-07
	   DHCP 已启用 . . . . : 是
	   自动配置已启用 . . . . : 是
	   IPv6 地址 . . . . : 2023:6:5:504::2(首选)
	   获得租约的时间 . . . . : 2023 年 6 月 5 日 10:17:15
	   租约过期的时间 . . . . : 2023 年 7 月 5 日 11:49:00
	   本地链接 IPv6 地址 . . . . : fe80::503b:742d:9858:4558%7(首选)
	   IPv4 地址 . . . . : 192.168.56.107(首选)
	   子网掩码 . . . . : 255.255.255.0

续表

设备名称	验证测试步骤
HOST	获得租约的时间 ....: 2023 年 6 月 5 日 10:13:16 租约过期的时间 ....: 2023 年 6 月 5 日 12:03:16 默认网关.............: DHCP 服务器 ....: 192.168.56.100 DHCPv6 IAID ....: 168427559 DHCPv6 客户端 DUID ....: 00-01-00-01-2B-CF-BE-24-68- F7-28-F4-57-A5 DNS 服务器 ....: 240c::6666 TCP/IP 上的 NetBIOS ....: 已启用 连接特定的 DNS 后缀搜索列表: h3c.test C:\Users\Administrator>

项目三:探究 DHCPv6 PD 技术的应用

【项目简介】

该实验在 CISCO GNS3 平台上进行,拉取三台 CISCO 3600 路由器,分别由 R1 担任 DHCPv6 PD Server 角色,R2 担任 DHCPv6 PD Client 角色,R3 担任 DHCPv6 Client 角色。

【任务分解】

(1)网络拓扑图

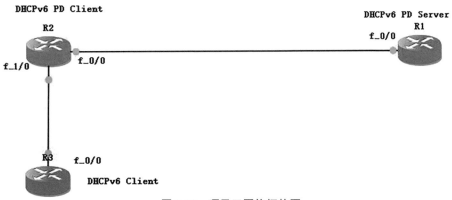

图 6.16　项目三网络拓扑图

（2）网络设备连接表

表6.10　项目三网络设备连接表

网络设备名称	接口	网络设备名称	接口
R2	F_0/0	R1	F_0/0
R2	F_1/0	R3	F_0/0

（3）数据规划表

表6.11　项目三数据规划表

网络设备名称	接口类型与编号	IPv6地址
R1	F_0/0	FE80::CE00:1AFF:FECC:0
R2	F_0/0	FE80::CE01:1AFF:FECC:0
	F_1/0	FE80::CE01:1AFF:FECC:102023:6:5::FFFF
R3	F_0/0	FE80::CE02:1AFF:FECC:02023:6:5:0:CE02:1AFF:FECC:0

（4）网络设备配置

表6.12　项目三网络设备配置

设备名称	相关配置
R1	R1#sho running-config ! hostname R1 ! ipv6 unicast-routing ! ipv6 dhcp pool dhcpv6-pd 　prefix-delegation pool prefix-test 　dns-server 240C::6666 ! interface FastEthernet0/0 　no ip address 　duplex auto 　speed auto 　ipv6 enable 　ipv6 dhcp server dhcpv6-pd ! ipv6 local pool prefix-test 2023:6:5::/48 64 ! end R1#

设备名称	相关配置
R2	R2#sho running-config ! hostname R2 ! ipv6 unicast-routing ! interface FastEthernet0/0 no ip address duplex auto speed auto ipv6 enable ipv6 dhcp client pd test rapid-commit ! interface FastEthernet1/0 no ip address duplex auto speed auto ipv6 address test ::FFFF/64 !
R3	R3#sho running-config ! hostname R3 ! ipv6 unicast-routing ! interface FastEthernet0/0 no ip address duplex auto speed auto ipv6 address autoconfig default !

（5）验证测试

表6.13　项目三验证测试步骤

设备名称	验证测试步骤
R1	R1#show ipv6 dhcp This device's DHCPv6 unique identifier(DUID): 00030001CC001ACC0000 R1#show ipv6 dhcp binding Client: FE80::CE01:1AFF:FECC:0 (FastEthernet0/0)

续表

设备名称	验证测试步骤

R1	DUID: 00030001CC011ACC0000
	IA PD: IA ID 0x00040001, T1 302400, T2 483840
	  Prefix: 2023:6:5::/64
	       preferred lifetime 604800, valid lifetime 2592000
	       expires at Mar 31 2002 03:18 AM (2587485 seconds)
	R1#
	R1#show ipv6 dhcp interface fastEthernet 0/0
	FastEthernet0/0 is in server mode
	  Using pool: dhcpv6-pd
	  Preference value: 0
	  Hint from client: ignored
	  Rapid-Commit: disabled
	R1#sho ipv6 dhcp pool
	DHCPv6 pool: dhcpv6-pd
	  Prefix pool: prefix-test
	       preferred lifetime 604800, valid lifetime 2592000
	  DNS server: 240C::6666
	  Active clients: 1
	R1#show ipv6 local pool
	Pool Prefix Free In use
	prefix-test 2023:6:5::/48 65535 1
	R1#
	R1#show ipv6 route
	IPv6 Routing Table - 3 entries
	Codes: C - Connected, L - Local, S - Static, R - RIP, B - BGP
	    U - Per-user Static route
	    I1 - ISIS L1, I2 - ISIS L2, IA - ISIS interarea, IS - ISIS summary
	    O - OSPF intra, OI - OSPF inter, OE1 - OSPF ext 1, OE2 - OSPF ext 2
	    ON1 - OSPF NSSA ext 1, ON2 - OSPF NSSA ext 2
	S 2023:6:5::/64 [1/0]
	    via FE80::CE01:1AFF:FECC:0, FastEthernet0/0
	//为分发的PD前缀2023:6:5::/64自动生成一条静态路由，下一跳指向R2的FastEthernet0/0。
	L FE80::/10 [0/0]
	    via ::, Null0
	L FF00::/8 [0/0]
	    via ::, Null0
	R1#

设备名称	验证测试步骤
R2	R2#sho ipv6 dhcp This device's DHCPv6 unique identifier(DUID): 00030001CC011ACC0000 R2#sho ipv6 dhcp interface fastEthernet 0/0 FastEthernet0/0 is in client mode 　State is OPEN 　Renew will be sent in 3d10h 　List of known servers: 　　Reachable via address: FE80::CE00:1AFF:FECC:0 　　DUID: 00030001CC001ACC0000 　Preference: 0 　Configuration parameters: 　　IA PD: IA ID 0x00040001, T1 302400, T2 483840 　　　Prefix: 2023:6:5::/64 　　　　　preferred lifetime 604800, valid lifetime 2592000 　　　　　expires at Mar 31 2002 03:18 AM (2587197 seconds) 　　DNS server: 240C::6666 　Prefix name: test 　Rapid-Commit: enabled
R3	R3# show ipv6 interface fastEthernet 0/0 FastEthernet0/0 is up, line protocol is up 　IPv6 is enabled, link-local address is FE80::CE02:1AFF:FECC:0 　Global unicast address(es): 　　2023:6:5:0:CE02:1AFF:FECC:0, subnet is 2023:6:5::/64 [PRE] 　　　valid lifetime 2591235 preferred lifetime 604035 　Joined group address(es): 　　FF02::1 　　FF02::2 　　FF02::1:FFCC:0 　MTU is 1500 bytes 　ICMP error messages limited to one every 100 milliseconds 　ICMP redirects are enabled 　ND DAD is enabled, number of DAD attempts: 1 　ND reachable time is 30000 milliseconds 　ND advertised reachable time is 0 milliseconds 　ND advertised retransmit interval is 0 milliseconds 　ND router advertisements are sent every 200 seconds 　ND router advertisements live for 1800 seconds 　Hosts use stateless autoconfig for addresses.

续表

设备名称	验证测试步骤

R3	R3#show ipv6 route
	IPv6 Routing Table – 5 entries
	Codes: C – Connected, L – Local, S – Static, R – RIP, B – BGP
	    U – Per–user Static route
	    I1 – ISIS L1, I2 – ISIS L2, IA – ISIS interarea, IS – ISIS summary
	    O – OSPF intra, OI – OSPF inter, OE1 – OSPF ext 1, OE2 – OSPF ext 2
	    ON1 – OSPF NSSA ext 1, ON2 – OSPF NSSA ext 2
	S ::/0 [1/0]
	    via FE80::CE01:1AFF:FECC:10, FastEthernet0/0
	C 2023:6:5::/64 [0/0]
	    via ::, FastEthernet0/0
	L 2023:6:5:0:CE02:1AFF:FECC:0/128 [0/0]
	    via ::, FastEthernet0/0
	L FE80::/10 [0/0]
	    via ::, Null0
	L FF00::/8 [0/0]
	    via ::, Null0
	R3#

（6）探究DHCPv6 PD交互消息

① PD客户端向PD服务器发送DHCPv6请求报文，此报文携带IA_PD选项，表明自己需要申请IPv6前缀，如图6.17所示。

图6.17　PD客户端请求报文

② PD服务器收到请求报文后，从自己的前缀列表池中取出可用的前缀，附带在IA_PD选项中，回复给PD客户端，如图6.18所示。

```
    32 117.336000 fe80::ce00:1aff:fecfe80::ce01:1aff:fecDHCPv6    159 Advertise XID: 0x814f34 CID: 00030001cc011acc0000
⊞ Frame 32: 159 bytes on wire (1272 bits), 159 bytes captured (1272 bits)
⊞ Ethernet II, Src: cc:00:1a:cc:00:00 (cc:00:1a:cc:00:00), Dst: cc:01:1a:cc:00:00 (cc:01:1a:cc:00:00)
⊞ Internet Protocol Version 6, Src: fe80::ce00:1aff:fecc:0 (fe80::ce00:1aff:fecc:0), Dst: fe80::ce01:1aff:fecc:0 (fe80::ce01:1aff:fecc:0)
⊞ User Datagram Protocol, Src Port: dhcpv6-server (547), Dst Port: dhcpv6-client (546)
⊟ DHCPv6
     Message type: Advertise (2)
     Transaction ID: 0x814f34
  ⊞ Server Identifier: 00030001cc001acc0000
  ⊞ Client Identifier: 00030001cc011acc0000
  ⊟ DNS recursive name server
        Option: DNS recursive name server (23)
        Length: 16
        value: 240c0000000000000000000006666
        DNS servers address: 240c::6666
  ⊟ Identity Association for Prefix Delegation
        Option: Identity Association for Prefix Delegation (25)
        Length: 41
        value: 0004000100049d4000076200001a001900093a8000278d00...
        IAID: 00040001
        T1: 302400
        T2: 483840
     ⊟ IA Prefix
           Option: IA Prefix (26)
           Length: 25
           value: 00093a8000278d00040202300060005000000000000000000...
           Preferred lifetime: 604800
           valid lifetime: 2592000
           Prefix length: 64
           Prefix address: 2023:6:5::
```

图6.18　PD服务器Advertise报文

③ PD客户端向PD服务器发送Solicit报文，此报文携带IA_PD选项，表明自己需要申请IPv6前缀，如图6.19所示。

```
    31 117.326000 fe80::ce01:1aff:fecff02::1:2         DHCPv6    116 Solicit XID: 0x814f34 CID: 00030001cc011acc0000
⊞ Frame 31: 116 bytes on wire (928 bits), 116 bytes captured (928 bits)
⊞ Ethernet II, Src: cc:01:1a:cc:00:00 (cc:01:1a:cc:00:00), Dst: IPv6mcast_00:01:00:02 (33:33:00:01:00:02)
⊞ Internet Protocol Version 6, Src: fe80::ce01:1aff:fecc:0 (fe80::ce01:1aff:fecc:0), Dst: ff02::1:2 (ff02::1:2)
⊞ User Datagram Protocol, Src Port: dhcpv6-client (546), Dst Port: dhcpv6-server (547)
⊟ DHCPv6
     Message type: Solicit (1)
     Transaction ID: 0x814f34
  ⊞ Elapsed time
  ⊞ Client Identifier: 00030001cc011acc0000
  ⊟ Rapid Commit
        Option: Rapid Commit (14)
        Length: 0
  ⊟ Option Request
        Option: Option Request (6)
        Length: 6
        Value: 001900170018
        Requested Option code: Identity Association for Prefix Delegation (25)
        Requested Option code: DNS recursive name server (23)
        Requested Option code: Domain Search List (24)
  ⊟ Identity Association for Prefix Delegation
        Option: Identity Association for Prefix Delegation (25)
        Length: 12
        Value: 000400010000000000000000
        IAID: 00040001
        T1: 0
        T2: 0
```

图6.19　PD客户端Solicit报文

④ PD服务器为PD客户端分配前缀（在原有前缀未被占用的情况下，一般就是续租），如图6.20所示。

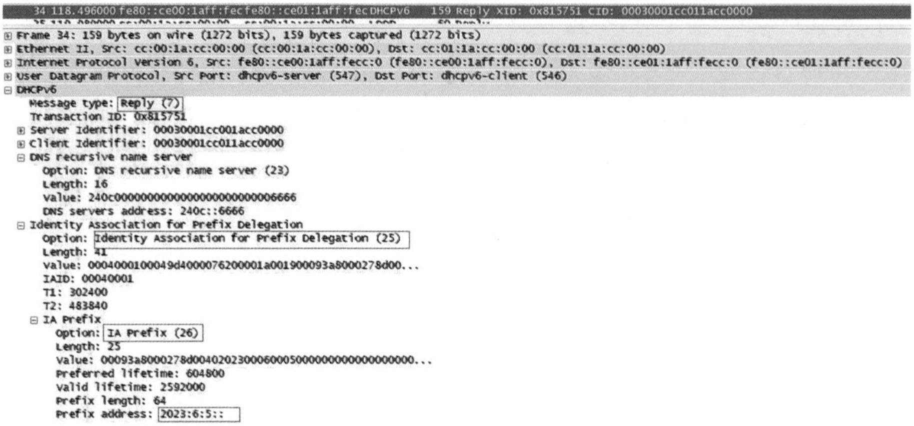

```
34 118.496000 fe80::ce00:1aff:fecfe80::ce01:1aff:fecDHCPv6    159 Reply XID: 0x815751 CID: 00030001cc011acc0000
```

```
⊞ Frame 34: 159 bytes on wire (1272 bits), 159 bytes captured (1272 bits)
⊞ Ethernet II, Src: cc:00:1a:cc:00:00 (cc:00:1a:cc:00:00), Dst: cc:01:1a:cc:00:00 (cc:01:1a:cc:00:00)
⊞ Internet Protocol Version 6, Src: fe80::ce00:1aff:fecc:0 (fe80::ce00:1aff:fecc:0), Dst: fe80::ce01:1aff:fecc:0 (fe80::ce01:1aff:fecc:0)
⊞ User Datagram Protocol, Src Port: dhcpv6-server (547), Dst Port: dhcpv6-client (546)
⊟ DHCPv6
    Message type: Reply (7)
    Transaction ID: 0x815751
  ⊞ Server Identifier: 00030001cc001acc0000
  ⊞ Client Identifier: 00030001cc011acc0000
  ⊟ DNS recursive name server
      Option: DNS recursive name server (23)
      Length: 16
      value: 240c0000000000000000000006666
      DNS servers address: 240c::6666
  ⊟ Identity Association for Prefix Delegation
      Option: Identity Association for Prefix Delegation (25)
      Length: 41
      value: 0004000100049d4000076200001a001900093a8000278d00...
      IAID: 00040001
      T1: 302400
      T2: 483840
    ⊟ IA Prefix
        Option: IA Prefix (26)
        Length: 25
        value: 00093a8000278d00040202300060005000000000000000000...
        Preferred lifetime: 604800
        valid lifetime: 2592000
        Prefix length: 64
        Prefix address: 2023:6:5::
```

图6.20　PD服务端Reply

⑤ PD客户端需要释放前缀时，向PD服务器发送快速请求报文，以释放前缀。

PD服务器接收快速请求报文后，回收前缀，并对PD客户端的快速请求报文进行回应，如图6.21所示。

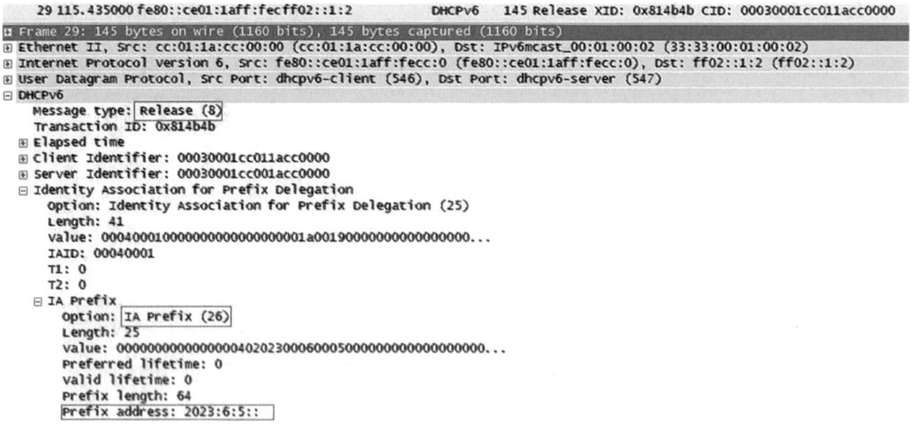

```
29 115.435000 fe80::ce01:1aff:fecff02::1:2           DHCPv6    145 Release XID: 0x814b4b CID: 00030001cc011acc0000
```

```
⊞ Frame 29: 145 bytes on wire (1160 bits), 145 bytes captured (1160 bits)
⊞ Ethernet II, Src: cc:01:1a:cc:00:00 (cc:01:1a:cc:00:00), Dst: IPv6mcast_00:01:00:02 (33:33:00:01:00:02)
⊞ Internet Protocol Version 6, Src: fe80::ce01:1aff:fecc:0 (fe80::ce01:1aff:fecc:0), Dst: ff02::1:2 (ff02::1:2)
⊞ User Datagram Protocol, Src Port: dhcpv6-client (546), Dst Port: dhcpv6-server (547)
⊟ DHCPv6
    Message type: Release (8)
    Transaction ID: 0x814b4b
  ⊞ Elapsed time
  ⊞ Client Identifier: 00030001cc011acc0000
  ⊞ Server Identifier: 00030001cc001acc0000
  ⊟ Identity Association for Prefix Delegation
      Option: Identity Association for Prefix Delegation (25)
      Length: 41
      value: 000400010000000000000000001a00190000000000000000...
      IAID: 00040001
      T1: 0
      T2: 0
    ⊟ IA Prefix
        Option: IA Prefix (26)
        Length: 25
        value: 000000000000000004020230006000500000000000000000...
        Preferred lifetime: 0
        valid lifetime: 0
        Prefix length: 64
        Prefix address: 2023:6:5::
```

图6.21　PD客户端Release报文

第7章 VRRP6

7.1 背景知识

7.1.1 VRRP6简介

基于不同的网络类型，VRRP可以分为VRRP for IPv4和VRRP for IPv6（简称VRRP6）。如图7.1所示，通过将多台网关设备虚拟为一台网关设备，将虚拟网关设备的IPv6地址作为用户的默认网关实现与外部网络通信。当网关设备发生故障时，VRRP机制能够选举新的网关设备承担数据流量，从而保障网络的可靠通信。

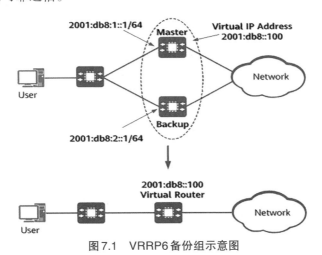

图7.1　VRRP6备份组示意图

7.1.2 VRRP基本概念

VRRP基本概念包括Virtual Router、VRID、Virtual IP Address、Priority等，由表7.1汇总说明。

表 7.1　VRRP 基本概念

概念	含义
虚拟路由器（Virtual Router）	又称为 VRRP 备份组，由一个 Master 设备和若干个 Backup 设备组成，被当作一个共享局域网内主机的缺省网关。它包括了一个虚拟路由器标识符和一组虚拟 IP 地址
VRID	虚拟路由器的标识。具有相同 VRID 的一组设备构成一个虚拟路由器
虚拟 IP 地址（Virtual IP Address）	虚拟路由器的 IP 地址，一个虚拟路由器可以有一个或多个 IP 地址，由用户配置
IP 地址拥有者（IP Address Owner）	如果一个 VRRP 设备将虚拟路由器 IP 地址作为真实的接口地址，则该设备被称为 IP 地址拥有者。如果 IP 地址拥有者是可用的，通常它将成为 Master
主 IP 地址（Primary IP Address）	从接口的真实 IP 地址中选出来的一个主用 IP 地址，通常选择配置的第一个 IP 地址。VRRP 广播报文使用主 IP 地址作为 IP 报文的源地址
优先级（Priority）	虚拟路由器中 VRRP 设备的优先级。虚拟路由器根据优先级选举出 Master 设备和 Backup 设备
VRRP 抢占模式	在抢占模式下，如果 Backup 设备的优先级比当前 Master 设备的优先级高，则主动将自己切换成 Master
VRRP 非抢占模式	在非抢占模式下，只要 Master 设备没有出现故障，Backup 设备即使随后被配置了更高的优先级也不会成为 Master 设备
Adver_Interval 定时器	Master 设备会根据该定时器定期发送 VRRP 通告报文，缺省值为 1 秒

7.1.3　VRRP 协议报文

VRRP 协议报文是一种组播报文，只能在同一个广播域（如 VLAN 等）内转发。VRRP 协议报文用来将 Master 设备的优先级和状态通告给同一备份组的所有 Backup 设备。

目前，VRRP 协议包括两个版本：VRRPv2 和 VRRPv3。

基于不同的网络类型，VRRP 可以分为 VRRP for IPv4 和 VRRP for IPv6（简称 VRRP6）。VRRP for IPv4 支持 VRRPv2 和 VRRPv3，而 VRRP for IPv6 仅支持 VRRPv3。

对 IPv6 网络而言，VRRP 协议报文封装在 IPv6 报文中，发送到分配给 VR-RP6 的 IPv6 组播地址。在 IPv6 报文头中，源地址为发送报文接口的链路本地地址（不是虚拟IPv6地址），目的地址是FF02::12，跳数值是255，协议号是112。

VRRPv3的报文结构如图7.2所示。

0	3 4	7 8	15 16	23 24	31
Version	Type	Virtual Rtr ID	Priority		Count IPvX Addrs
rsvd	Adver Int		Checksum		
IPvX Address (1)					
⋮					
IPvX Address (n)					

图7.2　VRRPv3报文结构

VRRPv3协议报文各字段的含义如表7.2所示。

表7.2　VRRPv3协议报文各字段含义

报文字段	含义
Version	VRRP协议版本号，取值为3
Type	VRRPv3报文的类型，取值为1，表示Advertisement
Virtual Rtr ID	虚拟路由器ID
Priority	Master设备在备份组中的优先级

7.1.4　VRRP工作原理

VRRP状态机

VRRP协议中定义了三种状态机：初始状态（Initialize）、活动状态（Master）、备份状态（Backup）。其中，只有处于Master状态的设备才可以转发那些发送到虚拟IP地址的报文。

VRRP状态转换，如图7.3所示。

图7.3　VRRP状态机

7.1.5 VRRP工作过程

VRRP的工作过程如下：

➢ VRRP备份组中的设备根据优先级选举出Master。Master设备通过发送免费ARP报文，将虚拟MAC地址通知给予它连接的设备或者主机，从而承担报文转发任务。

➢ Master设备周期性向备份组内所有Backup设备发送VRRP通告报文，以通告其配置信息（优先级等）和工作状况。

➢ 如果Master设备出现故障，VRRP备份组中的Backup设备将根据优先级重新选举新的Master。

➢ VRRP备份组状态切换时，Master设备由一台设备切换为另外一台设备，新的Master设备会立即发送携带虚拟路由器的虚拟MAC地址和虚拟IP地址信息的免费ARP报文，刷新与它连接的设备或者主机的MAC表项，从而把用户流量引到新的Master设备上来，整个过程对用户完全透明。

➢ 原Master设备故障恢复时，若该设备为IP地址拥有者（优先级为255），将直接切换至Master状态。若该设备优先级小于255，将首先切换至Backup状态，且其优先级恢复为故障前配置的优先级。

➢ Backup设备的优先级高于Master设备时，由Backup设备的工作方式（抢占方式和非抢占方式）决定是否重新选举Master。

由此可见，为了保证Master设备和Backup设备能够协调工作，VRRP需要实现两个功能：Master设备的选举和Master设备状态的通告。

下面将从两个方面详细介绍VRRP的工作过程。

1.Master设备的选举

VRRP根据优先级来确定虚拟路由器中每台设备的角色（Master设备或Backup设备）。优先级越高，则越有可能成为Master设备。

初始创建VRRP的设备工作在Initialize状态，收到接口up的消息后，若此设备的优先级小于255，则会先切换至Backup状态，待Master_Down定时器超时后再切换至Master状态。首先切换至Master状态的VRRP虚拟设备中其他成员发送VRRP通告报文：

① 如果VRRP通告报文中Master设备的优先级高于或等于自己的优先级，则Backup设备保持Backup状态。

② 如果VRRP通告报文中Master设备的优先级低于自己的优先级，采用抢占方式的Backup设备将切换至Master状态，采用非抢占方式的Backup设备仍保持Backup状态。

③ 如果多个VRRP设备同时切换到Master状态，通过VRRP通告报文的交互进行协商后，优先级较低的VRRP设备将切换成Backup状态，优先级最高的VRRP设备成为最终的Master设备；优先级相同时，VRRP设备上VRRP备份组所在接口主IP地址较大的成为Master设备。

④ 如果VRRP设备为IP地址拥有者，收到接口up的消息后，将会直接切换至Master状态。

2.Master设备状态的通告

Master设备周期性地发送VRRP通告报文，在VRRP备份组中通告其配置信息（优先级等）和工作状况。Backup设备通过接收到VRRP通告报文的情况来判断Master设备是否工作正常。

7.1.6　VRRP6缺省配置

VRRP6的缺省配置如表7.3所示。

表7.3　VRRP6常用参数缺省值

参数	缺省值
设备在VRRP6备份组中的优先级	100
抢占方式	立即抢占
通告报文发送间隔	1 s
发送NA报文时间间隔	120 s

7.1.7　VRRP主备备份和负载分担

1.VRRP主备备份

主备备份是VRRP提供备份功能的基本方式，如图7.4所示。该方式需要建立一个虚拟路由器，该虚拟路由器包括一个Master设备和若干Backup设备。正常情况下，DeviceA是Master设备并承担业务转发任务，DeviceB和DeviceC是Backup设备且都处于就绪侦听状态。如果DeviceA发生故障，DeviceB 和 DeviceC 中会选举新的 Master 设备，继续为网络内的主机转发数据。

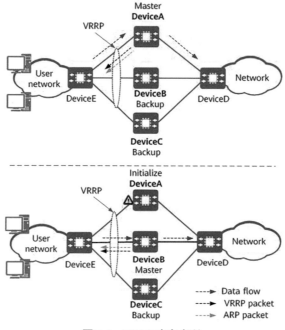

图7.4　VRRP主备备份

以图7.4为例简要说明VRRP主备备份的基本原理。

① DeviceA 为 Master 设备，优先级设置为120，抢占方式为延迟抢占。

② DeviceB 为 Backup 设备，优先级设置为110，抢占方式为立即抢占。

③ DeviceC 为 Backup 设备，优先级为默认值100，抢占方式为立即抢占。

📖 说明

① 正常情况下，用户侧的上行流量路径为：DeviceE->DeviceA->DeviceD。此时，DeviceA 定期发送 VRRP 通告报文通知 DeviceB 和 DeviceC 自己工作正常。

② 当 DeviceA 发生故障时，DeviceA 上的 VRRP 会处于不可用状态。由于 DeviceB 优先级高于 DeviceC，因此 DeviceB 变为 Master 设备，DeviceC 继续保持为 Backup 设备。用户侧的上行流量路径为：DeviceE->DeviceB->DeviceD。

③ 当 DeviceA 故障恢复时，VRRP 的优先级为120，状态变为 Backup。此时 DeviceB 继续定期发送 VRRP 通告报文，当 DeviceA 收到 VRRP 通告报文后，

会比较优先级，发现自己的优先级更高，等待抢占延迟后抢占为Master设备，并开始发送VRRP通告报文和免费ARP报文。

④ 此时，DeviceA与DeviceB均为Master设备，都会继续发送VRRP通告报文。当DeviceB收到DeviceA发的VRRP通告报文后，发现自己的优先级比DeviceA的优先级低，DeviceB会变为Backup设备。用户侧的上行流量路径恢复为：DeviceE->DeviceA->DeviceD。

2.VRRP负载分担

负载分担是指多个VRRP备份组同时承担业务，如图7.5所示。VRRP负载分担与VRRP主备备份的基本原理和报文协商过程都是相同的。同样对于每一个VRRP备份组，都包含一个Master设备和若干Backup设备。与主备备份方式不同点在于：负载分担方式需要建立多个VRRP备份组，各备份组的Master设备可以不同；同一台VRRP设备可以加入多个备份组，在不同的备份组中具有不同的优先级。

负载分担的实现方式有两种：多网关负载分担和单网关负载分担。

① 多网关负载分担：通过创建多个带虚拟IP地址的VRRP备份组，为不同的用户指定不同的VRRP备份组作为网关，实现负载分担。

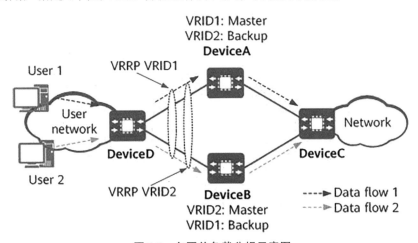

图7.5　多网关负载分担示意图

如图7.5所示，网络中已配置两个VRRP备份组，VRID分别为1和2。

VRRP备份组1：DeviceA作为Master设备，DeviceB作为Backup设备。

VRRP备份组2：DeviceB作为Master设备，DeviceA作为Backup设备。

一部分用户将VRRP备份组1作为网关，另一部分用户将VRRP备份组2作为网关。这样便可实现分担业务流量又相互备份的目的。

② 单网关负载分担：通过创建带有虚拟IP地址的VRRP负载分担管理组LBRG（Load-Balance Redundancy Group），并向该负载分担管理组中加入成员VRRP备份组（无须配置虚拟IP地址），指定负载分担管理组作为所有用户的网关，实现负载分担。

单网关负载分担方式是多网关负载分担方式的升级版。通过创建VRRP负载分担管理组，可以在实现不同的用户共用同一个网关的同时实现负载分担，从而简化了用户侧的配置，便于维护和管理。

如图7.6所示，网络中已配置两个VRRP备份组，VRID分别为1和2。

VRRP备份组1：VRRP负载分担管理组，DeviceA作为Master设备，DeviceB作为Backup设备。

VRRP备份组2：VRRP负载分担管理组的成员VRRP备份组，DeviceB作为Master设备，DeviceA作为Backup设备。

所有用户都将VRRP备份组1作为网关。在收到用户侧的ARP请求报文时，VRRP备份组1将自己的虚拟MAC地址或者VRRP备份组2的虚拟MAC地址封装到ARP响应报文，对ARP请求报文进行应答，进而实现负载分担。

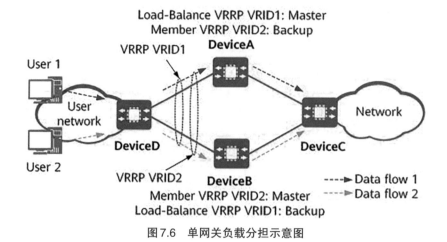

图7.6 单网关负载分担示意图

7.2　细分知识

📖 说明

IPv6 VRRP配置注意事项

① 在聚合组的成员端口上配置IPv6 VRRP不生效。

② 每台路由器都需要配置一致的功能，才能形成一个IPv6 VRRP备份组。

③ VRRP工作在标准协议模式。

7.2.1　配置IPv6 VRRP备份组

1.功能简介

创建VRRP6备份组，并为备份组配置虚拟IPv6地址后，备份组才能正常工作。可以为一个备份组配置多个虚拟IPv6地址。

关闭IPv6 VRRP备份组功能通常用于暂时禁用备份组，但还需要再次开启该备份组的场景。关闭备份组后，该备份组的状态为Initialize，并且该备份组所有已存在的配置保持不变。在关闭状态下还可以对备份进行配置。备份组再次被开启后，基于最新的配置，从Initialize状态重新开始运行。

2.配置限制和指导

配置限制和指导可参考表7.4。

表7.4　VRRP6配置限制和指导

限制项	说明
最大备份组及虚拟IP地址数目	每个备份组最多只能配置16个虚拟IP地址
备份组的虚拟IP地址	如果没有为备份组配置虚拟IPv6地址，但是为备份组进行了其他配置（如优先级、抢占方式等），则该备份组会存在于设备上，并处于Inactive状态，此时备份组不起作用
IP地址拥有者	路由器作为IP地址拥有者时，建议不要采用接口的IPv6地址（即备份组的虚拟IPv6地址）与相邻的路由器建立OSPFv3邻居关系，即不要通过ospfv3 area命令在该接口上开启OSPF
VRRP关联Track项状态	被监视Track项的状态由Negative变为Positive或Notready后，对应的路由器优先级会自动恢复或故障恢复后的原Master路由器会重新抢占为Master状态

3.创建备份组，并配置备份组的虚拟IPv6地址

① 进入系统视图的命令如下：

system-view

② 进入接口视图的命令如下：

interface interface-type interface-number

③ 创建备份组，并配置备份组的虚拟IPv6地址，该虚拟IPv6地址为链路本地地址的命令如下：

vrrp ipv6 vrid virtual-router-id virtual-ip virtual-address link-local

备份组的第一个虚拟IPv6地址必须是链路本地地址，并且每个备份组只允许有一个链路本地地址，该地址必须最后一个删除。

4.配置备份组的相关参数

① 进入系统视图的命令如下：

system-view

② 进入接口视图的命令如下：

interface interface-type interface-number

③ 配置备份组的虚拟IPv6地址，该虚拟IPv6地址为全球单播地址的命令如下：

vrrp ipv6 vrid virtual-router-id virtual-ip virtual-address

缺省情况下，没有为备份组指定全球单播地址类型的虚拟IPv6地址。

④ 配置路由器在备份组中的优先级的命令如下：

vrrp ipv6 vrid virtual-router-id priority priority-value

缺省情况下，路由器在备份组中的优先级为100。

⑤ 配置备份组中的路由器工作在抢占方式，并配置抢占延迟时间的命令如下：

vrrp ipv6 vrid virtual-router-id preempt-mode [delay delay-value]

缺省情况下，备份组中的路由器工作在抢占方式，抢占延迟时间为无抢占延迟。

5.关闭备份组

① 进入系统视图的命令如下：

system-view

② 进入接口视图的命令如下：

interface interface-type interface-number

③ 关闭 IPv6 VRRP 备份组的命令如下：

vrrp ipv6 vrid virtual-router-id shutdown

缺省情况下，IPv6 VRRP 备份组处于开启状态。

7.2.2 IPv6 VRRP 显示和维护

在完成上述配置后，在任意视图下执行 display 命令可以显示 IPv6 VRRP 配置后的运行情况，通过查看显示信息验证配置的效果。

在用户视图下执行 reset 命令可以清除 IPv6 VRRP 统计信息。

表 7.5　VRRP6 显示和维护

操作	命令
显示 IPv6 VRRP 备份组的状态信息	display vrrp ipv6 [interface interface-type interface-number [vrid virtual-router-id]] [verbose]
显示 IPv6 VRRP 管理备份组及成员备份组关联信息	display vrrp ipv6 binding [interface interface-type interface-number [vrid virtual-router-id] | name name]
显示 IPv6 VRRP 备份组的统计信息	display vrrp ipv6 statistics [interface interface-type interface-number [vrid virtual-router-id]]
清除 IPv6 VRRP 备份组的统计信息	reset vrrp ipv6 statistics [interface interface-type interface-number [vrid virtual-router-id]]

7.3　项目部署与任务分解

项目：探究 VRRP6 协议的基本使用

【项目简介】

在 H3C Cloud Lab HCL 实验平台上，拉取两台路由器 MSR36-20 以及一台交换机 S5820V2-54QS，分别将两台路由器的 GE_0/0 口通过交换机 S5820V2-54QS 连接到同一网络，并将 Host 主机的 VirtualBox Host-Only Network 连入同一网络。

两台路由器分别命名为 VRRP6-1，VRRP6-2，分别在 GE_0/0 上开启 IPv6 协议栈，启动 ipv6 协议，生成链路本地地址，并为其配置全局单播地址。创建备份组 vrrp ipv6 vrid 1，备份组的第一个虚拟 IPv6 地址为链路本地地址

FE80::1，全局单播地址参考数据规划表来配置。

两台路由器的GE_0/1 ipv6网络互联，并在GE_0/1运行RIPNG路由协议，实现回环接口之间的IPv6网络正常通信。如图7.7所示。

【任务分解】

（1）网络拓扑图

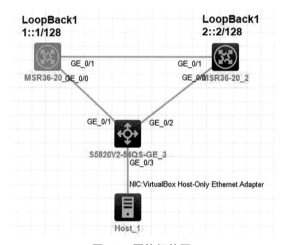

图7.7　网络拓扑图

（2）网络设备连接表

表7.6　网络设备连接表

网络设备名称	接口	网络设备名称	接口
VRRP6-1	GE_0/1	VRRP6-1	GE_0/1
S5820V2-54QS-GE	GE_0/1	VRRP6-1	GE_0/0
S5820V2-54QS-GE	GE_0/2	VRRP6-2	GE_0/0
S5820V2-54QS-GE	GE_0/3	Host主机	VirtualBox Host-Only Network

（3）数据规划表

表7.7　数据规划表

网络设备名称	接口类型与编号	IPv6地址
VRRP6-1	LoopBack1	1::1/128
	GigabitEthernet0/0	FE80::2A65:23FF:FEF7:105 2023:6:7:504::1/64
	GigabitEthernet0/1	ipv6 address auto link-local

网络设备名称	接口类型与编号	IPv6地址
VRRP6-2	LoopBack1	2::2/128
	GigabitEthernet0/0	FE80::2A65:33FF:FEA6:205 2023:6:7:504::2/64
	GigabitEthernet0/1	ipv6 address auto link-local
VRRP vrid 1	GigabitEthernet0/0virtual-ip	FE80::1 2023:6:7:504::100/64

（4）网络设备配置

表7.8　网络设备配置

设备 名称	相关配置
VRRP6-1	[VRRP6-1]display current-configuration # 　sysname VRRP6-1 # ripng 1 # 　vrrp ipv6 mode load-balance　//启用vrrp 6 负载均衡模式 # vlan 1 # interface LoopBack1 　ipv6 address 1::1/128 　ripng 1 enable # interface GigabitEthernet0/0 　port link-mode route 　combo enable copper 　ipv6 mtu 1500 　ipv6 address 2023:6:7:504::1/64 　ipv6 address auto link-local 　undo ipv6 nd ra halt 　vrrp ipv6 vrid 1 virtual-ip FE80::1 link-local 　vrrp ipv6 vrid 1 virtual-ip 2023:6:7:504::100 　vrrp ipv6 vrid 1 priority 120 　vrrp ipv6 vrid 1 track 1 switchover 　vrrp ipv6 vrid 1 track 1 priority reduced 30 　vrrp ipv6 vrid 1 track 1 forwarder-switchover member-ip 2::2 # // 创建备份组1，并配置备份组1的虚拟IPv6地址为FE80::1, 2023:6:7:504::100。

续表

设备名称	相关配置
VRRP6-1	interface GigabitEthernet0/1 port link-mode route combo enable copper ipv6 address auto link-local ripng 1 enable #
VRRP6-2	[VRRP6-2]display current-configuration # sysname VRRP6-2 # ripng 1 # vrrp ipv6 mode load-balance //启用 vrrp 6 负载均衡模式 # vlan 1 # interface LoopBack1 ipv6 address 2::2/128 ripng 1 enable # interface GigabitEthernet0/0 port link-mode route combo enable copper ipv6 mtu 1500 ipv6 address 2023:6:7:504::2/64 ipv6 address auto link-local undo ipv6 nd ra halt vrrp ipv6 vrid 1 virtual-ip FE80::1 link-local vrrp ipv6 vrid 1 virtual-ip 2023:6:7:504::100 vrrp ipv6 vrid 1 track 1 switchover vrrp ipv6 vrid 1 track 1 forwarder-switchover member-ip 1::1 # interface GigabitEthernet0/1 port link-mode route combo enable copper ipv6 address auto link-local ripng 1 enable #

（5）验证测试

表7.9　验证测试步骤

设备 名称	验证测试步骤
VRRP6-1	[VRRP6-1]display vrrp ipv6 IPv6 Virtual Router Information: 　Running mode　　　: Load balance 　Total number of virtual routers : 1 　Interface　　　　　VRID　State　　　Running Address　　　　Active 　　　　　　　　　　　　　　　　　　　　　　　　　　　　Pri 　－－－－－－－－－－－－－－－－－－－－－－－－－－－－－－－－－－－－－－ 　－－－－－－－－－ 　GE0/0　　1　　　Master　　120　FE80::1　　　　Local 　－－－－　VF1　Active　　255　000f-e2ff-4011　Local 　－－－－　VF2　Listening　127　000f-e2ff-4012　FE80::2A65:33FF:FEA6:205 [VRRP6-1]display vrrp ipv6 verbose 显示 VRRP6-1 上备份组的详细信息 IPv6 Virtual Router Information: 　Running mode　　　: Load balance 　Total number of virtual routers : 1 　　Interface GigabitEthernet0/0 　　VRID　　　　　: 1　　　　　Adver Timer　: 100 　　Admin Status　　: up　　　　State　　　　: Master 　　Config Pri　　　: 120　　　Running Pri　: 120 　　Preempt Mode　: Yes　　　Delay Time　: 0 　　Auth Type　　　: None 　　Virtual IP　　　: FE80::1 　　　　　　　　　2023:6:7:504::100 　　Member IP List : FE80::2A65:23FF:FEF7:105 (Local, Master) 　　　　　　　　　FE80::2A65:33FF:FEA6:205 (Backup) 　　VRRP Track Information: 　　Track Object　　: 1　　　　　State : NotReady　Switchover 　　Track Object　　: 1　　　　　State : NotReady　Pri Reduced : 30 　　Forwarder Information: 2　Forwarders 1　Active 　　Config Weight　　: 255 　　Running Weight : 255 　　Forwarder 01 　　State　　　　　: Active 　　Virtual MAC　　: 000f-e2ff-4011 (Owner) 　　Owner ID　　　: 2865-23f7-0105 　　Priority　　　　: 255

续表

设备名称	验证测试步骤

VRRP6-1	Active : Local
	Forwarder 02
	  State : Listening
	  Virtual MAC : 000f−e2ff−4012 (Learnt)
	  Owner ID : 2865−33a6−0205
	  Priority : 127
	  Active : FE80::2A65:33FF:FEA6:205
	Forwarder Switchover Track Information:
	  Track Object : 1 State : NotReady
	  Member IP : 2::2
	// 启用 vrrp ipv6 mode load−balance，负载均衡模式，Interface GigabitEthernet0/0 的基础上，生成了两个转发组：Forwarder 01 以及 Forwarder 02，其中 Forwarder 01 处于 Active 状态，当 track 1 forwarder−switchover member−ip 2::2 的状态发生变化时，被监视 Track 项的状态由 Negative 变为 Positive 或 Notready 后，对应的路由器优先级会自动恢复或故障恢复后的原 Master 路由器会重新抢占为 Master 状态

VRRP6-2	[VRRP6−2]display vrrp ipv6
	IPv6 Virtual Router Information:
	 Running mode : Load balance
	 Total number of virtual routers : 1
	 Interface VRID State Running Address Active
	                             Pri
	
	-- 	
	---------- 	
	 GE_0/0 1 Backup 100 FE80::1 FE80::2A65:23FF: FEF7:105
	 −−−−− VF1 Listening 127 000f−e2ff−4011 FE80::2A65:23FF: FEF7:105
	 −−−−− VF2 Active 255 000f−e2ff−4012 Local
	[VRRP6−2]display vrrp ipv6 verbose
	IPv6 Virtual Router Information:
	 Running mode : Load balance
	 Total number of virtual routers : 1
	  Interface GigabitEthernet0/0
	   VRID : 1 Adver Timer : 100
	   Admin Status : up State : Backup
	   Config Pri : 100 Running Pri : 100
	   Preempt Mode : Yes Delay Time : 0
	   Become Master : 2730ms left
	   Auth Type : None
	   Virtual IP : FE80::1
	         2023:6:7:504::100

设备 名称	验证测试步骤
VRRP6-2	Member IP List : FE80::2A65:33FF:FEA6:205 (Local, Backup) 　　　　　　　　　FE80::2A65:23FF:FEF7:105 (Master) VRRP Track Information: 　Track Object　　　: 1　　　　　　　State : NotReady　Switchover Forwarder Information: 2 Forwarders 1 Active 　Config Weight　　 : 255 　Running Weight : 255 　Forwarder 01 　State　　　　　　: Listening 　Virtual MAC　　 : 000f-e2ff-4011 (Learnt) 　Owner ID　　　　 : 2865-23f7-0105 　Priority　　　　 : 127 　Active　　　　　 : FE80::2A65:23FF:FEF7:105 　Forwarder 02 　State　　　　　　: Active 　Virtual MAC　　 : 000f-e2ff-4012 (Owner) 　Owner ID　　　　 : 2865-33a6-0205 　Priority　　　　 : 255 　Active　　　　　 : Local Forwarder Switchover Track Information: 　Track Object　　 : 1　　　　　State : NotReady 　Member IP　　　 : 2::2 [VRRP6-2]

（6）探究测试

①IPv6邻居表。

VRRP6-1为MASTER状态的情况下，由VRRP6-1负责维护IPv6邻居表，VRRP6-2上的邻居表为空，如图7.8所示。

图 7.8　IPv6 邻居表

②VRRP6-1 Advertisement 报文。

在 VRRP6-1 侧的 GE_0/0 启动 Wireshark 以太网报文分析器，观察并分析

VRRP6协议报文的交互过程，VRRP6-1的GE_0/0本地链路地址为FE80::2A65:23FF:FEF7:105，VRRP6的组播地址为ff02::12。

interface GigabitEthernet0/0

ipv6 address 2023:6:7:504::1/64

ipv6 address auto link-local

undo ipv6 nd ra halt

vrrp ipv6 vrid 1 virtual-ip FE80::1 link-local

vrrp ipv6 vrid 1 virtual-ip 2023:6:7:504::100

vrrp ipv6 vrid 1 priority 120

VRRP的版本号为Version 3，VRRP3的报文类型为Advertisement，其中可以分析出，vrid号为1，优先级Priority为120，本地链路地址的虚拟IP为fe80::1，全局单播地址的虚拟IP为2023:6:7:504::100。与配置相符。

如图7.9所示。

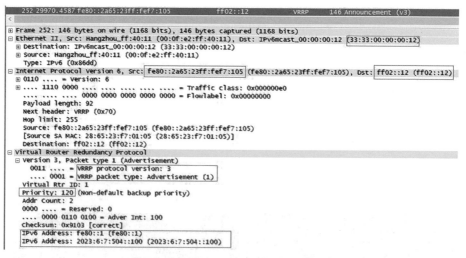

图7.9　VRRP6-1 Advertisement报文

③VRRP6-2 Advertisement报文。

在VRRP6-2侧的GE_0/0启动Wireshark以太网报文分析器，观察并分析VRRP6协议报文的交互过程，VRRP6-2的GE_0/0本地链路地址为FE80::2A65:33FF:FEA6:205，VRRP6的组播地址为ff02::12。

interface GigabitEthernet0/0

ipv6 address 2023:6:7:504::2/64

ipv6 address auto link-local

undo ipv6 nd ra halt

vrrp ipv6 vrid 1 virtual-ip FE80::1 link-local

vrrp ipv6 vrid 1 virtual-ip 2023:6:7:504::100

vrrp ipv6 vrid 1 priority 120

VRRP的版本号为Version 3，VRRP3的报文类型为Advertisement，其中可以分析出，vrid号为1，优先级Priority为100，也就是VRRP6的默认值。本地链路地址的虚拟IP为fe80::1，全局单播地址的虚拟IP为2023:6:7:504::100。与配置相符。

如图7.10所示。

```
   253 29970.5754 fe80::2a65:33ff:fea6:205          ff02::12          VRRP      146 Announcement (v3)
⊞ Frame 253: 146 bytes on wire (1168 bits), 146 bytes captured (1168 bits)
⊟ Ethernet II, Src: Hangzhou_ff:40:12 (00:0f:e2:ff:40:12), Dst: IPv6mcast_00:00:00:12 (33:33:00:00:00:12)
  ⊞ Destination: IPv6mcast_00:00:00:12 (33:33:00:00:00:12)
  ⊞ Source: Hangzhou_ff:40:12 (00:0f:e2:ff:40:12)
    Type: IPv6 (0x86dd)
⊟ Internet Protocol Version 6, Src: fe80::2a65:33ff:fea6:205 (fe80::2a65:33ff:fea6:205), Dst: ff02::12 (ff02::12)
  ⊞ 0110 .... = version: 6
  ⊞ .... 1110 0000 .... .... .... .... = Traffic class: 0x000000e0
    .... .... .... 0000 0000 0000 0000 0000 = Flowlabel: 0x00000000
    Payload length: 92
    Next header: VRRP (0x70)
    Hop limit: 255
    Source: fe80::2a65:33ff:fea6:205 (fe80::2a65:33ff:fea6:205)
    [Source SA MAC: 28:65:33:a6:02:05 (28:65:33:a6:02:05)]
    Destination: ff02::12 (ff02::12)
⊟ Virtual Router Redundancy Protocol
  ⊟ Version 3, Packet type 1 (Advertisement)
      0011 .... = VRRP protocol version: 3
      .... 0001 = VRRP packet type: Advertisement (1)
    Virtual Rtr ID: 1
    Priority: 100 (Default priority for a backup VRRP router)
    Addr Count: 2
    0000 .... = Reserved: 0
    .... 0000 0110 0100 = Adver Int: 100
    checksum: 0x8722 [correct]
    IPv6 Address: fe80::1 (fe80::1)
    IPv6 Address: 2023:6:7:504::100 (2023:6:7:504::100)
```

图7.10　VRRP6-2 Advertisement报文

第8章 ACL6

8.1 背景知识

8.1.1 ACL简介

访问控制列表（Access Control List，ACL）是一条或多条规则的集合，用于识别报文流。这里的规则是指描述报文匹配条件的判断语句，匹配条件可以是报文的源地址、目的地址、端口号等。网络设备依照这些规则识别出特定的报文，并根据预先设定的策略对其进行处理。

ACL可以应用在诸多领域，其中最基本的就是应用ACL进行报文过滤。此外，ACL还可应用于诸如路由、安全、QoS等业务中。

ACL本身只能识别报文，而无法对识别出的报文进行处理，对这些报文的具体处理方式由应用ACL的业务模块来决定。

8.1.2 ACL的编号和名称

用户在创建ACL时必须为其指定编号，不同的编号对应不同类型的ACL，如表8.1所示；同时，为了便于记忆和识别，用户在创建ACL时还可选择是否为其设置名称。ACL一旦创建，便不允许用户再为其设置名称、修改或删除其原有名称。

当ACL创建完成后，用户就可以通过指定编号或名称的方式来指定该ACL，以便对其进行操作。

📖 **说明**

基本ACL、高级ACL的编号和名称在其适用的IP版本（IPv4和IPv6）中唯一。

8.1.3 ACL的分类

根据规则制订依据的不同，可以将ACL分为如表8.1所示的几种类型。

表8.1　ACL的分类

ACL类型	编号范围	适用的IP版本	规则制订依据
基本 ACL	2000 ~ 2999	IPv6	报文的源IPv6地址
高级 ACL	3000 ~ 3999	IPv6	报文的源IPv6地址、目的IPv6地址、报文优先级、IPv6承载的协议类型及特性等三、四层信息
二层 ACL	4000 ~ 4999	IPv4和IPv6	报文的源MAC地址、目的MAC地址、802.1p优先级、链路层协议类型等二层信息
自定义 ACL	5000 ~ 5999	IPv4和IPv6	以报文头为基准,指定从报文的第几个字节开始与掩码进行"与"操作,并将提取出的字符串与用户定义的字符串进行比较,从而找出相匹配的报文

8.1.4　ACL的规则匹配顺序

当一个ACL中包含多条规则时,报文会按照一定的顺序与这些规则进行匹配,一旦匹配上某条规则便结束匹配过程。ACL的规则匹配顺序有以下两种:

配置顺序:按照规则编号由小到大进行匹配。

自动排序:按照"深度优先"排序法则由深到浅进行匹配,各类型ACL的"深度优先"排序法则如表8.2所示。

📖 **说明**

用户自定义ACL的规则只能按照配置顺序进行匹配,其他类型的ACL则可选择按照配置顺序或自动顺序进行匹配。

表8.2　各类型ACL的"深度优先"排序法则

ACL类型	"深度优先"排序法则
IPv6基本 ACL	(1)先判断规则的匹配条件中是否包含VPN实例,包含者优先;(2)如果VPN实例的包含情况相同,再比较源IPv6地址范围,较小者优先;(3)如果源IPv6地址范围也相同,再比较配置的先后次序,先配置者优先
IPv6高级 ACL	(1)先判断规则的匹配条件中是否包含VPN实例,包含者优先;(2)如果VPN实例的包含情况相同,再比较协议范围,指定有IPv6承载的协议类型者优先;(3)如果协议范围相同,再比较源IPv6地址范围,较小者优先;(4)如果源IPv6地址范围也相同,再比较目的IPv6地址范围,较小者优先;(5)如果目的IPv6地址范围也相同,再比较四层端口(即TCP/UDP端口)号的覆盖范围,较小者优先;(6)如果四层端口号的覆盖范围无法比较,再比较配置的先后次序,先配置者优先
二层 ACL	(1)先比较源MAC地址范围,较小者优先;(2)如果源MAC地址范围相同,再比较目的MAC地址范围,较小者优先;(3)如果目的MAC地址范围也相同,再比较配置的先后次序,先配置者优先

① 比较 IPv6 地址范围的大小，就是比较 IPv6 地址前缀的长短：前缀越长，范围越小。

② 比较 MAC 地址范围的大小，就是比较 MAC 地址掩码中"1"位的多少："1"位越多，范围越小。

8.1.5 ACL 的步长

ACL 中的每条规则都有自己的编号，这个编号在该 ACL 中是唯一的。在创建规则时，可以手工为其指定一个编号，如未手工指定编号，则由系统为其自动分配一个编号。由于规则的编号可能影响规则匹配的顺序，因此当由系统自动分配编号时，为了方便后续在已有规则之前插入新的规则，系统通常会在相邻编号之间留下一定的空间，这个空间的大小（即相邻编号之间的差值）就称为 ACL 的步长。譬如，当步长为 5 时，系统会将编号 0、5、10、15……依次分配给新创建的规则。

系统为规则自动分配编号的方式如下：系统从 0 开始，按照步长自动分配一个大于现有最大编号的最小编号。譬如原有编号为 0、5、9、10 和 12 的五条规则，步长为 5，此时如果创建一条规则，且不指定编号，那么系统将自动为其分配编号 15。

如果步长发生了改变，ACL 内原有全部规则的编号都将自动从 0 开始按新步长重新排列。譬如，某 ACL 内原有编号为 0、5、9、10 和 15 的五条规则，当修改步长为 2 之后，这些规则的编号将依次变为 0、2、4、6 和 8。

8.1.6 ACL 对分片报文的处理

传统报文过滤只对分片报文的首个分片进行匹配过滤，对后续分片一律放行，因此网络攻击者通常会构造后续分片进行流量攻击。为提高网络安全性，ACL 规则缺省会匹配所有非分片报文和分片报文的全部分片，但这样又带来效率低下的问题。为了兼顾网络安全和匹配效率，可将过滤规则配置为仅对后续分片有效。

8.2 细分知识

8.2.1 ACL配置任务简介

1.配置IPv6基本ACL

IPv6基本ACL根据报文的源IPv6地址来制订规则,对IPv6报文进行匹配。如表8.3所示。

表8.3 配置IPv6基本ACL

操作	命令	说明
进入系统视图	system-view	—
创建IPv6基本ACL,并进入IPv6基本ACL视图	acl ipv6 number acl-number [name acl-name][match-order {auto	config}] *	缺省情况下,不存在任何ACL,IPv6基本ACL的编号范围为2000~2999
(可选)配置ACL的描述信息	description text	缺省情况下,ACL没有任何描述信息
(可选)配置规则编号的步长	step step-value	缺省情况下,规则编号的步长为5
创建规则	rule [rule-id]{deny	permit} *	缺省情况下,IPv6基本ACL内不存在任何规则

2.配置IPv6高级ACL

IPv6高级ACL可根据报文的源IPv6地址、目的IPv6地址、报文优先级、IPv6承载的协议类型及特性(如TCP/UDP的源端口和目的端口、TCP报文标识、ICMPv6协议的消息类型和消息码等)等信息来制订规则,对IPv6报文进行匹配。用户可利用IPv6高级ACL制订比IPv6基本ACL更准确、丰富、灵活的规则。如表8.4所示。

表8.4 配置IPv6高级ACL

操作	命令	说明
进入系统视图	system-view	—
创建IPv6高级ACL,并进入IPv6高级ACL视图	acl ipv6 number acl-number [name acl-name][match-order {auto	config}] *	缺省情况下,不存在任何ACL,IPv6高级ACL的编号范围为3000~3999
(可选)配置ACL的描述信息	description text	缺省情况下,ACL没有任何描述信息
(可选)配置规则编号的步长	step step-value	缺省情况下,规则编号的步长为5

续表

操作	命令	说明
创建规则	rule [rule-id] {deny｜permit} protocol*	缺省情况下,IPv6高级ACL内不存在任何规则

3.配置二层ACL

二层ACL可根据报文的源MAC地址、目的MAC地址、802.1p优先级、链路层协议类型等二层信息来制订规则,对报文进行匹配,如表8.5所示。

表8.5　配置二层ACL

操作	命令	说明
进入系统视图	system-view	—
创建二层ACL,并进入二层ACL视图	acl number acl-number [name acl-name] [match-order {auto｜config}]	缺省情况下,不存在任何ACL,二层ACL的编号范围为4000～4999
(可选)配置ACL的描述信息	description text	缺省情况下,ACL没有任何描述信息
(可选)配置规则编号的步长	step step-value	缺省情况下,规则编号的步长为5
创建规则	rule [rule-id] {deny｜permit}	缺省情况下,二层ACL内不存在任何规则
(可选)为指定规则配置描述信息	rule rule-id comment text	缺省情况下,规则没有任何描述信息

4.配置用户自定义ACL

用户自定义ACL可以以报文头为基准,指定从报文的第几个字节开始与掩码进行“与”操作,并将提取出的字符串与用户定义的字符串进行比较,从而找出相匹配的报文,如表8.6所示。

表8.6　配置用户自定义ACL

操作	命令	说明
进入系统视图	system-view	—
创建用户自定义ACL,并进入用户自定义ACL视图	acl number acl-number [name acl-name]	缺省情况下,不存在任何ACL,用户自定义ACL的编号范围为5000～5999
(可选)配置ACL的描述信息	description text	缺省情况下,ACL没有任何描述信息
创建规则	rule [rule-id] { deny｜per-mit } *	缺省情况下,用户自定义ACL内不存在任何规则

8.2.2　应用ACL进行报文过滤

ACL最基本的应用就是进行报文过滤，即通过将ACL规则应用到指定接口的入或出方向上，从而对该接口收到或发出的报文进行过滤。应用ACL对报文进行过滤时，优先级由高到低依次为：全局应用ACL进行报文过滤、在接口上应用ACL进行报文过滤、在VLAN中应用ACL进行报文过滤。

📖 **说明**

对出方向上的报文（即使用outbound参数）进行过滤时，不支持使用用户自定义ACL。

1.全局应用ACL进行报文过滤

表8.7　全局应用ACL进行报文过滤

操作	命令	说明
进入系统视图	system-view	–
全局应用ACL进行报文过滤	packet-filter [ipv6] {acl-number | name acl-name} global {inbound | outbound} [hardware-count]	缺省情况下，全局不对报文进行过滤

📖 **说明**

全局在一个方向上最多可应用32个ACL进行报文过滤。

2.在接口上应用ACL进行报文过滤

表8.8　在接口上应用ACL进行报文过滤

操作	命令	说明
进入系统视图	system-view	–
进入接口视图	interface interface-type interface-number	–
在接口上应用ACL进行报文过滤	packet-filter [ipv6] {acl-number | name acl-name} {inbound | outbound} [hardware-count]	缺省情况下，接口不对报文进行过滤

📖 **说明**

① 一个接口在一个方向上最多可应用32个ACL进行报文过滤。

② 在VLAN接口上使用packet-filter命令对发出的IPv4报文（即使用outbound参数）进行过滤时，仅对三层单播报文生效。

③ 当EB/EC2/FD类单板工作在ACL基本模式时，VLAN接口上配置的出方向IPv4报文过滤功能在该类单板上不支持。

3.在VLAN中应用ACL进行报文过滤

表8.9 在VLAN中应用ACL进行报文过滤

操作	命令	说明
进入系统视图	system-view	–
在VLAN中应用ACL 进行报文过滤	packet-filter [ipv6] {acl-number | name acl-name} vlan vlan-list {inbound | outbound} [hardware-count]	缺省情况下,在VLAN中 不对报文进行过滤

📖 **说明**

一个VLAN在一个方向上最多可应用32个ACL进行报文过滤。

4.配置报文过滤日志的生成与发送周期

在配置了报文过滤日志的生成与发送周期之后,设备将周期性地生成报文过滤日志信息并发送到信息中心,包括该周期内被匹配的报文数量以及所使用的ACL规则。关于信息中心的详细介绍请参见"网络管理和监控配置指导"中的"信息中心",如表8.10所示。

表8.10 配置报文过滤日志的生成与发送周期

操作	命令	说明
进入系统视图	system-view	–
配置报文过滤日志的 生成与发送周期	acl [ipv6] logging interval interval	缺省情况下,报文过滤日志的生成与发送周期为0分钟,即不记录报文过滤的日志

5.配置报文过滤的缺省动作

系统缺省的报文过滤动作为Permit,即允许未匹配上ACL规则的报文通过。通过本配置可更改报文过滤的缺省动作为Deny,即禁止未匹配上ACL规则的报文通过。如表8.11所示。

表8.11 配置报文过滤的缺省动作为Deny

操作	命令	说明
进入系统视图	system-view	–
配置报文过滤的缺省 动作为Deny	packet-filter default deny	缺省情况下,报文过滤的缺省动作为Permit,即允许未匹配上ACL规则的报文通过

6. 配置报文过滤缺省动作统计功能

📖 **说明**

在接口上只有应用了 ACL 进行报文过滤，才允许使用报文过滤缺省动作统计功能。

使用了报文过滤缺省动作统计功能之后，接口将对报文过滤缺省动作的执行次数进行统计。如表 8.12 所示。

表 8.12　配置报文过滤缺省动作统计功能

操作	命令	说明
进入系统视图	system-view	–
进入接口视图	interface interface-type interface-number	–
在接口上使用报文过滤缺省动作统计功能	packet-filter default {inbound | outbound} hardware-count	缺省情况下，报文过滤的缺省动作统计功能处于关闭状态

8.3　项目部署与任务分解

📖 **说明**

缺省情况下，以太网接口、VLAN接口及聚合接口处于down状态。如果要使这些接口能够正常工作，请先使用undo shutdown命令使接口状态处于up状态。

项目一：探究 H3C 网络设备 ACL6 典型应用

【项目简介】

在路由器以太网端口 GigabitEthernet4/0/1 上配置 IPv6 报文过滤，允许接收源 IPv6 地址为 4050::9000 到 4050::90FF 的报文，禁止接收其他报文。

【任务分解】

（1）配置 ACL 规则

IPv6 源地址为 4050::9000 到目的地址 4050::90FF 的 ACL 规则。

<Sysname> system-view

[Sysname] acl ipv6 number 2000

[Sysname-acl6-basic-2000] rule permit source 4050::9000/120

[Sysname-acl6-basic-2000] quit

（2）配置其他源地址的ACL规则

[Sysname] acl ipv6 number 2001

[Sysname-acl6-basic-2001] rule permit source any

[Sysname-acl6-basic-2001] quit

（3）配置类和流行为

配置允许接收源地址为4050::9000到4050::90FF的类和流行为

[Sysname] traffic classifier c_permit

[Sysname-classifier-c_permit] if-match acl ipv6 2000

[Sysname-classifier-c_permit] quit

[Sysname] traffic behavior b_permit

[Sysname-behavior-b_permit] filter permit

[Sysname-behavior-b_permit] quit

（4）配置拒绝其他源地址的类和流行为

[Sysname] traffic classifier c_deny

[Sysname-classifier-c_deny] if-match acl ipv6 2001

[Sysname-classifier-c_deny] quit

[Sysname] traffic behavior b_deny

[Sysname-behavior-b_deny] filter deny

[Sysname-behavior-b_deny] quit

（5）配置QoS策略

[Sysname] qos policy test

[Sysname-qospolicy-test] classifier c_permit behavior b_permit

[Sysname-qospolicy-test] classifier c_deny behavior b_deny

[Sysname-qospolicy-test] quit

（6）在端口GigabitEthernet4/0/1入方向上应用策略

[Sysname] interface gigabitethernet 4/0/1

[Sysname-GigabitEthernet4/0/1] qos apply policy test inbound

[Sysname-GigabitEthernet4/0/1] quit

项目二：探究H3C网络设备ACL6综合应用

【项目简介】

实验环境采用两台S5820V2-54QS-GE系列三层交换机SW-1，SW-2模拟IPv6互联网络，路由协议采用OSPFV3。各设备启用IPv6协议栈，为相关VLAN接口配置IPv6地址，其中VLAN99-IF开启前缀通告，为IPv6客户端提供IPv6无状态地址分配功能。

IPv6客户端由一台安装windows10操作系统的主机模拟，要求实现采用无状态地址分配的IPv6基础网络互联互通。

创建IPv6高级ACL，并进入IPv6高级ACL视图，建立规则对SW-1的回环接口IPv6地址：99::99/128以及SW-2的回环接口IPv6地址：199::199/128做以下限制：

禁止用户侧（Host_1）ping SW-1和SW-2的回环接口如图8.1所示，放行用户侧（Host_1）ipv6其他业务报文，比如针对回环接口的http，https管理。

【任务分解】

（1）网络拓扑图

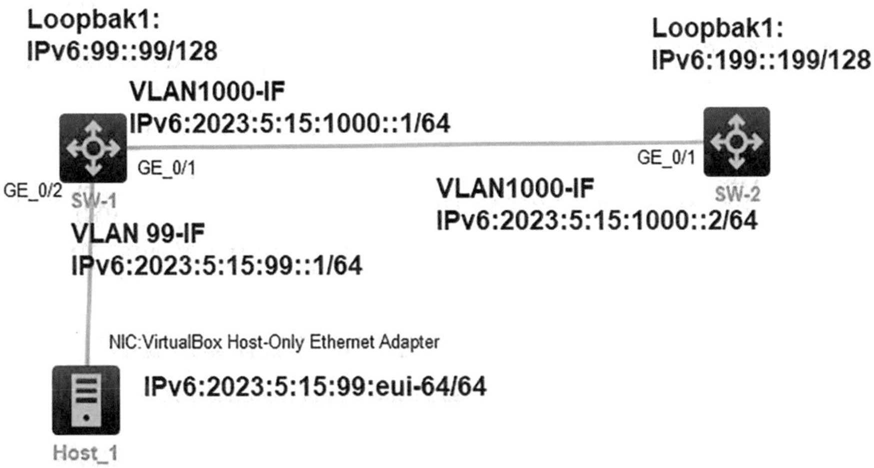

图8.1　项目二网络拓扑图

（2）网络设备连接表

表8.13　网络设备连接表

网络设备名称	接口	网络设备名称	接口
SW-1	GE_0/1	SW-2	GE_0/1
SW-1	GE_0/2	Host_1	VirtualBox Host-Only Network

（3）数据规划表

表8.14　数据规划表

网络设备名称	接口类型与编号	IPv6地址
SW-1	VLAN99-IF	2023:5:15:99::1/64
SW-1	VLAN1000-IF	2023:5:15:1000::1/64
SW-1	LoopBack 1	99::99/128
SW-2	VLAN1000-IF	2023:5:15:1000::2/64
SW-2	LoopBack 1	199::199/128
Host_1	VirtualBox Host-Only Network	2023:5:15:99:eui-64/64

（4）网络设备配置

表8.15　网络设备配置

设备名称	相关配置
SW-1	# sysname SW-1 # ospfv3 1 router-id 1.1.1.1 area 0.0.0.0 # vlan 1 # vlan 99 # vlan 1000 # interface LoopBack1 ospfv3 1 area 0.0.0.0 ipv6 address 99::99/128 # interface Vlan-interface99 ospfv3 1 area 0.0.0.0 packet-filter ipv6 3000 inbound　//在VLAN中应用ACL进行报文过滤

设备名称	相关配置
SW-1	ipv6 address 2023:5:15:99::1/64 undo ipv6 nd ra halt # interface Vlan-interface1000 　ospfv3 1 area 0.0.0.0 　ipv6 address 2023:5:15:1000::1/64 # interface GigabitEthernet1/0/1 　port link-mode bridge 　port access vlan 1000 　combo enable fiber # interface GigabitEthernet1/0/2 　port link-mode bridge 　port access vlan 99 　combo enable fiber # # acl ipv6 advanced 3000 　rule 0 deny icmpv6 destination 99::99/128 　rule 5 deny icmpv6 destination 199::199/128 　rule 10 permit ipv6 //禁止用户侧（Host_1）ping SW-1和SW-2的回环接口，放行用户侧（Host_1）ipv6其他业务报文，比如针对回环接口的http，https管理。 # local-user test class manage 　password simple 123456 　service-type http https 　authorization-attribute user-role network-operator # ip http enable ip https enable #
SW-2	# 　sysname SW-2 # ospfv3 1 　router-id 2.2.2.2 　area 0.0.0.0 # vlan 1000 #

设备名称	相关配置
SW-2	interface LoopBack1 ospfv3 1 area 0.0.0.0 ipv6 address 199::199/128 # interface Vlan-interface1000 ospfv3 1 area 0.0.0.0 ipv6 address 2023:5:15:1000::2/64 # # interface GigabitEthernet1/0/1 port link-mode bridge port access vlan 1000 combo enable fiber # # local-user test class manage password simple 123456 service-type http https authorization-attribute user-role network-operator # ip http enable ip https enable #

（5）验证测试

表8.16　验证测试步骤

设备名称	验证测试步骤
SW-1	[SW-1]display acl ipv6 all Advanced IPv6 ACL 3000, 3 rules, ACL's step is 5 rule 0 deny icmpv6 destination 99::99/128 (13 times matched) rule 5 deny icmpv6 destination 199::199/128 (13 times matched) rule 10 permit ipv6 (239 times matched) 查看ACL6对报文的匹配次数的统计信息。 [SW-1]

续表

设备名称	验证测试步骤
Host_1	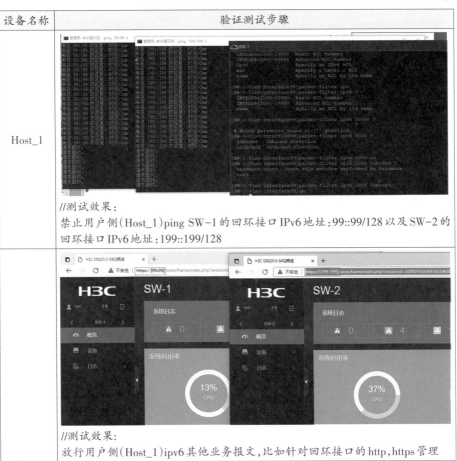 //测试效果: 禁止用户侧(Host_1)ping SW-1 的回环接口 IPv6 地址:99::99/128 以及 SW-2 的 回环接口 IPv6 地址:199::199/128
	//测试效果: 放行用户侧(Host_1)ipv6 其他业务报文,比如针对回环接口的 http,https 管理

第9章　IPv6静态路由

9.1　背景知识

9.1.1　什么是静态路由

静态路由是一种特殊的路由，由管理员手工配置。当网络结构比较简单时，只需配置静态路由就可以使网络正常工作。

静态路由不能自动适应网络拓扑结构的变化。当网络发生故障或者拓扑发生变化后，必须由网络管理员手工修改配置。

IPv6静态路由与IPv4静态路由类似，适合于一些结构比较简单的IPv6网络。

9.1.2　静态路由的优缺点

静态路由须由管理员手工配置，是单向的，拓扑关系缺乏灵活性。

① 优点：配置灵活，管理员手工配置，适用于比较简单的IPv6网络。

② 缺点：当拓扑发生改变时，需要管理员针对相关的路由器修改静态路由配置。

静态路由协议适用于小规模网络，中、大型园区网络常用动态路由协议。

9.2　细分知识

9.2.1　静态路由基础

路由器根据路由转发数据包，路由可通过手动配置和使用动态路由算法计算产生，其中手动配置产生的路由就是静态路由。

静态路由比动态路由使用更少的带宽，并且不占用CPU资源来计算和分析路由更新。但是当网络发生故障或者拓扑发生变化后，静态路由不会自动更新，必须手动重新配置。

静态路由有 4 个主要的参数：目的地址和掩码、出接口和下一跳、优先级。

1.目的地址和网络前缀

IPv6 地址由网络前缀和接口标识两个部分组成，如图 9.1 所示。网络前缀有 n 位，相当于 IPv4 地址中的网络 ID；接口标识有（128-n）bit，相当于 IPv4 地址中的主机 ID。

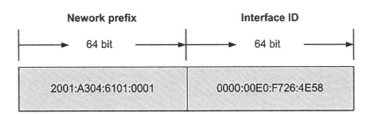

图9.1　网络前缀和接口标识

静态路由目的地址关心 IPv6 网络前缀，当目的地址和前缀都为零时 0::0/0 或者 ::/0，表示静态缺省路由。

2.出接口和下一跳地址

在配置静态路由时，根据不同的出接口类型，指定出接口和下一跳地址。

① 对于点到点类型的接口，只需指定出接口。

因为指定发送接口即隐含指定了下一跳地址，这时认为与该接口相连的对端接口地址就是路由的下一跳地址。如 10GE 封装 PPP（Point-to-Point Protocol）协议，通过 PPP 协商获取对端的 IP 地址，这时可以不指定下一跳地址。

② 对于 NBMA（Non Broadcast Multiple Access）类型的接口（如 ATM 接口），只需配置下一跳。

因为除了配置 IP 路由外，还需在链路层建立 IP 地址到链路层地址的映射。

③ 对于广播类型的接口（如以太网接口）和 VT（Virtual-template）接

口，必须指定通过该接口发送时对应的下一跳地址。

因为以太网接口是广播类型的接口，而 VT 接口下可以关联多个虚拟访问接口（Virtual Access Interface），这都会导致出现多个下一跳，无法唯一确定下一跳。

3.静态路由优先级

对于不同的静态路由，可以为它们配置不同的优先级，优先级数字越小优先级越高。配置到达相同目的地的多条静态路由，如果指定相同优先级，则可实现负载分担；如果指定不同优先级，则可实现路由备份。

4.静态路由的特点

① 手动配置。

② 路由路径固定（除非手动修改）。

③ 不可通告。

不会主动通告给其他路由器。但管理员可以在本地设备的动态路由中引入静态路由，然后以对应动态协议路由进行通告。

④ 单向性。

仅为数据提供沿着下一跳的方向进行路由，不提供反向路由。如果要使源节点域目标网络进行双向通信，必须同时配置回程静态路由。

⑤ 接力性。

如果某条静态路由中间经过的跳数大于 1（路由要经过 3 个或以上路由节点），则必须在除最后一个路由器外的其他路由器上依次配置到达相同目的节点或目的网络的静态路由。（路由器各端口上直连的各个网络都是直连互通的，因此之间默认是直连路由，因而无须另外配置路由。）

⑥ 迭代性。

理论上来说，静态路由的下一跳可以是路径中其他路由器中的任意一个接口，只要能保证路由到达下一跳就行了。（静态路由没有建立邻居关系 hello 包，也不会被通告邻居路由，所以他的下一跳纯粹是配置的"下一跳 IP 地址"直接指定的，或者通过出接口间接指定。不是我们平常理解的必须与路由器直连的下一个设备接口。）

⑦ 路由迭代。

通过路由的下一跳信息来找到直连出接口的过程。

迭代深度

路由迭代中查找路由的次数，次数越少迭代深度越小。

9.2.2 IPv6缺省路由简介

IPv6缺省路由是在路由器没有找到匹配的IPv6路由表项时使用的路由。

IPv6缺省路由有两种生成方式：

① 第一种是网络管理员手工配置。指定的目的地址为::/0（前缀长度为0）。

② 第二种是动态路由协议生成（如OSPFv3、IPv6 IS-IS和RIPNG），由路由能力比较强的路由器将IPv6缺省路由发布给其他路由器，其他路由器在自己的路由表里生成指向那台路由器的缺省路由。

9.2.3 配置准备

在配置IPv6静态路由之前，需完成以下任务：

① 配置相关接口的物理参数；

② 配置相关接口的链路层属性；

③ 相邻节点网络层（IPv6）可达。

9.3 项目部署与任务分解

项目：探究IPv6静态路由协议的应用

【项目简介】

在H3C Cloud Lab HCL实验平台上，拉取三台路由器MSR36-20，按照网络拓扑图以及网络设备连接表完成对相应网络设备以及端口的连接。

MSR01、MSR02、MSR03运行IPv6静态路由协议，MSR01的GE_0/0口开启IPv6协议栈，打开IPv6前缀通告，将Host_1主机的VirtualBox Host-Only Network带入到IPv6网络。

MSR01、MSR02、MSR03分别配置各自回环接口的IPv6地址，分别针对MSR01、MSR02、MSR03在网络中的位置，用IPv6静态路由去实现Host_1与

MSR01、MSR02、MSR03的回环接口IPv6地址互联互通。

【任务分解】

（1）网络拓扑图

图9.2　网络拓扑图

（2）网络设备连接表

表9.1　网络设备连接表

网络设备名称	接口	网络设备名称	接口
MSR02	GE_0/0	MSR01	GE_0/1
	GE_0/1	MSR03	GE_0/0
MSR01	GE_0/0	Host_1	VirtualBox Host-Only Network

（3）数据规划表

表9.2　数据规划表

网络设备名称	接口类型与编号	IPv6/IPv4 地址
MSR01	LoopBack1	99::99/128
	GigabitEthernet0/0	2023:6:16:99::1/64
	GigabitEthernet0/1	link-local address
MSR02	LoopBack1	199::199/128
	GigabitEthernet0/0	link-local address
	GigabitEthernet0/1	link-local address
MSR03	LoopBack1	299::299/128
	GigabitEthernet0/0	link-local address

（4）网络设备配置

表9.3　网络设备配置

设备名称	相关配置
MSR01	[MSR01]display current-configuration # 　sysname MSR01 # interface LoopBack1 　ipv6 address 99::99/128 # interface GigabitEthernet0/0 　port link-mode route 　combo enable copper 　ipv6 address 2023:6:16:99::1/64 　undo ipv6 nd ra halt # interface GigabitEthernet0/1 　port link-mode route 　combo enable copper 　ipv6 address auto link-local # 　ipv6 route-static :: 0 GigabitEthernet0/1 FE80::5A06:68FF:FE4A:205 # # return [MSR01]
MSR02	[MSR02]display current-configuration # 　sysname MSR02 # vlan 1 # interface LoopBack1 　ipv6 address 199::199/128 # interface GigabitEthernet0/0 　port link-mode route 　combo enable copper 　ipv6 address auto link-local # interface GigabitEthernet0/1 　port link-mode route 　combo enable copper 　ipv6 address auto link-local #

续表

设备名称	相关配置
MSR02	ipv6 route-static :: 0 GigabitEthernet0/1 FE80::5A06:75FF:FE4C:305 ipv6 route-static 99::99 128 GigabitEthernet0/0 FE80::5A06:5AFF:FE11:106 ipv6 route-static 2023:6:16:99:: 64 GigabitEthernet0/0 FE80::5A06:5AFF:FE11:106 # return [MSR02]
MSR03	[MSR03]display current-configuration # sysname MSR03 # vlan 1 # interface LoopBack1 ipv6 address 299::299/128 # interface GigabitEthernet0/0 port link-mode route combo enable copper ipv6 address auto link-local # ipv6 route-static :: 0 NULL0 ipv6 route-static 99::99 128 GigabitEthernet0/0 FE80::5A06:68FF:FE4A:206 ipv6 route-static 199::199 128 GigabitEthernet0/0 FE80::5A06:68FF:FE4A:206 ipv6 route-static 2023:6:16:99:: 64 GigabitEthernet0/0 FE80::5A06:68FF:FE4A:206 # return [MSR03]

（5）验证测试

表9.4　验证测试步骤

设备名称	验证测试步骤
MSR01	[MSR01]display ipv6 interface brief //查看接口 IPv6 统计信息 *down: administratively down (s): spoofing Interface Physical Protocol IPv6 Address GigabitEthernet0/0 up up 2023:6:16:99::1 GigabitEthernet0/1 up up FE80::5A06:5AFF:FE11:106 LoopBack1 up up(s) 99::99 [MSR01]display ipv6 neighbors all //查看接口 IPv6 邻居表

设备名称	验证测试步骤

MSR01	Type: S–Static D–Dynamic O–Openflow R–Rule IS–Invalid static
	IPv6 address MAC address VID Interface State T Aging
	2023:6:16:99:503B:742D:9858:4558 0a00–2700–0007 –– GE_0/0
	STALE D 1041
	2023:6:16:99:C020:183B:3E08:377 0a00–2700–0007 –– GE_0/0
	STALE D 1045
	FE80::503B:742D:9858:4558 0a00–2700–0007 –– GE_0/0 STALE D 14
	FE80::5A06:68FF:FE4A:205 5806–684a–0205 –– GE_0/1 STALE D 21
	[MSR01]display ipv6 route–static routing–table
	//查看IPv6路由表
	Total number of routes: 1
	Status: * – valid
	*Destination: ::/0
	       NibID: 0x21000000 NextHop: FE80::5A06:68FF:FE4A:205
	   MainNibID: N/A BkNextHop: N/A
	     BkNibID: N/A Interface: GigabitEthernet0/1
	     TableID: 0xa BkInterface: N/A
	       Flag: 0xd0b BfdSrcIp: N/A
	    DbIndex: 0x1 BfdIfIndex: 0x0
	       Type: Normal BfdVrfIndex: 0
	  TrackIndex: 0xffffffff Label: NULL
	  Preference: 60 vrfIndexDst: 0
	    BfdMode: N/A vrfIndexNH: 65535
	   Permanent: 0 Tag: 0
	[MSR01]

MSR02	[MSR02]display ipv6 interface brief //查看接口 IPv6统计信息 *down: administratively down (s): spoofing Interface Physical Protocol IPv6 Address GigabitEthernet0/0 up up FE80::5A06:68FF:FE4A:205 GigabitEthernet0/1 up up FE80::5A06:68FF:FE4A:206 LoopBack1 up up(s) 199::199 [MSR02] [MSR02]display ipv6 neighbors all //查看接口 IPv6邻居表 Type: S–Static D–Dynamic O–Openflow R–Rule IS–Invalid static IPv6 address MAC address VID Interface State T Aging FE80::5A06:5AFF:FE11:106 5806–5a11–0106 –– GE_0/0 STALE D 134 FE80::5A06:75FF:FE4C:305 5806–754c–0305 –– GE_0/1 STALE D 139 [MSR02]display ipv6 route–static routing–table //查看IPv6路由表 Total number of routes: 3 Status: * – valid *Destination: ::/0

续表

设备名称	验证测试步骤
MSR02	NibID: 0x21000001　　　　NextHop: FE80::5A06:75FF:FE4C:305 MainNibID: N/A　　　　BkNextHop: N/A BkNibID: N/A　　　　Interface: GigabitEthernet0/1 TableID: 0xa　　　　BkInterface: N/A Flag: 0xd0b　　　　BfdSrcIp: N/A DbIndex: 0x2　　　　BfdIfIndex: 0x0 Type: Normal　　　　BfdVrfIndex: 0 TrackIndex: 0xffffffff　　　　Label: NULL Preference: 60　　　　vrfIndexDst: 0 BfdMode: N/A　　　　vrfIndexNH: 65535 Permanent: 0　　　　Tag: 0 *Destination: 99::99/128 　NibID: 0x21000000　　　　NextHop: FE80::5A06:5AFF:FE11:106 MainNibID: N/A　　　　BkNextHop: N/A BkNibID: N/A　　　　Interface: GigabitEthernet0/0 TableID: 0xa　　　　BkInterface: N/A Flag: 0xd0b　　　　BfdSrcIp: N/A DbIndex: 0x3　　　　BfdIfIndex: 0x0 Type: Normal　　　　BfdVrfIndex: 0 TrackIndex: 0xffffffff　　　　Label: NULL Preference: 60　　　　vrfIndexDst: 0 BfdMode: N/A　　　　vrfIndexNH: 65535 Permanent: 0　　　　Tag: 0 *Destination: 2023:6:16:99::/64 　NibID: 0x21000000　　　　NextHop: FE80::5A06:5AFF:FE11:106 MainNibID: N/A　　　　BkNextHop: N/A BkNibID: N/A　　　　Interface: GigabitEthernet0/0 TableID: 0xa　　　　BkInterface: N/A Flag: 0xd0b　　　　BfdSrcIp: N/A DbIndex: 0x1　　　　BfdIfIndex: 0x0 Type: Normal　　　　BfdVrfIndex: 0 TrackIndex: 0xffffffff　　　　Label: NULL Preference: 60　　　　vrfIndexDst: 0 BfdMode: N/A　　　　vrfIndexNH: 65535 Permanent: 0　　　　Tag: 0
MSR03	[MSR03]display ipv6 interface brief //查看接口 IPv6 统计信息 *down: administratively down (s): spoofing Interface　　　　　　　　　　Physical Protocol IPv6 Address GigabitEthernet0/0　　　　up　　up　　FE80::5A06:75FF:FE4C:305 LoopBack1　　　　up　　up(s)　299::299

设备名称	验证测试步骤
MSR03	[MSR03]display ipv6 neighbors all Type: S-Static　　D-Dynamic　　O-Openflow　　R-Rule　　IS-Invalid static IPv6 address　　　　　　MAC address　 VID Interface　　　　State T Aging FE80::5A06:68FF:FE4A:206　5806-684a-0206 --　GE_0/0　　STALE D　310 [MSR03]display ipv6 route-static routing-table //查看IPv6路由表 Total number of routes: 4 Status: * - valid 　*Destination: ::/0 　　　　NibID: 0x21000001　　　　NextHop: :: 　MainNibID: N/A　　　　　　BkNextHop: N/A 　BkNibID: N/A　　　　　　　Interface: NULL0 　TableID: 0xa　　　　　　　BkInterface: N/A 　　Flag: 0xd0a　　　　　　　BfdSrcIp: N/A 　DbIndex: 0x4　　　　　　　BfdIfIndex: 0x0 　　Type: Normal　　　　　　BfdVrfIndex: 0 　TrackIndex: 0xffffffff　　　　Label: NULL 　Preference: 60　　　　　　vrfIndexDst: 0 　BfdMode: N/A　　　　　　vrfIndexNH: 65535 　Permanent: 0　　　　　　　Tag: 0 　*Destination: 99::99/128 　　　　NibID: 0x21000000　　　　NextHop: FE80::5A06:68FF:FE4A:206 　MainNibID: N/A　　　　　　BkNextHop: N/A 　BkNibID: N/A　　　　　　　Interface: GigabitEthernet0/0 　TableID: 0xa　　　　　　　BkInterface: N/A 　　Flag: 0xd0b　　　　　　　BfdSrcIp: N/A 　DbIndex: 0x2　　　　　　　BfdIfIndex: 0x0 　　Type: Normal　　　　　BfdVrfIndex: 0 　TrackIndex: 0xffffffff　　　　Label: NULL 　Preference: 60　　　　　　vrfIndexDst: 0 　BfdMode: N/A　　　　　　vrfIndexNH: 65535 　Permanent: 0　　　　　　　Tag: 0 　*Destination: 199::199/128 　　　　NibID: 0x21000000　　　　NextHop: FE80::5A06:68FF:FE4A:206 　MainNibID: N/A　　　　　　BkNextHop: N/A 　BkNibID: N/A　　　　　　　Interface: GigabitEthernet0/0 　TableID: 0xa　　　　　　　BkInterface: N/A 　　Flag: 0xd0b　　　　　　　BfdSrcIp: N/A 　DbIndex: 0x3　　　　　　　BfdIfIndex: 0x0 　　Type: Normal　　　　　BfdVrfIndex: 0 　TrackIndex: 0xffffffff　　　　Label: NULL

设备名称	验证测试步骤
MSR03	Preference: 60 vrfIndexDst: 0 BfdMode: N/A vrfIndexNH: 65535 Permanent: 0 Tag: 0 *Destination: 2023:6:16:99::/64 NibID: 0x21000000 NextHop: FE80::5A06:68FF:FE4A:206 MainNibID: N/A BkNextHop: N/A BkNibID: N/A Interface: GigabitEthernet0/0 TableID: 0xa BkInterface: N/A Flag: 0xd0b BfdSrcIp: N/A DbIndex: 0x1 BfdIfIndex: 0x0 Type: Normal BfdVrfIndex: 0 TrackIndex: 0xffffffff Label: NULL Preference: 60 vrfIndexDst: 0 BfdMode: N/A vrfIndexNH: 65535 Permanent: 0 Tag: 0 [MSR03]

Host_1	C:\Users\Administrator>ipconfig
	Windows IP 配置
	以太网适配器 VirtualBox Host-Only Network:
	  连接特定的 DNS 后缀 . . . . :
	  IPv6 地址 . . . . : 2023:6:16:99:503b:742d:9858:4558
	  临时 IPv6 地址 . . . . : 2023:6:16:99:e8cd:5389:3929:c396
	  本地链接 IPv6 地址 . . . . : fe80::503b:742d:9858:4558%7
	  默认网关 . . . . : fe80::5a06:5aff:fe11:105%7
	C:\Users\Administrator>ping 99::99
	正在 Ping 99::99 具有 32 字节的数据:
	来自 99::99 的回复: 时间=2ms
	来自 99::99 的回复: 时间<1ms
	来自 99::99 的回复: 时间=1ms
	来自 99::99 的回复: 时间<1ms
	99::99 的 Ping 统计信息:
	  数据包: 已发送 = 4, 已接收 = 4, 丢失 = 0 (0% 丢失),
	往返行程的估计时间(以 ms 为单位):
	  最短 = 0ms, 最长 = 2ms, 平均 = 0ms
	C:\Users\Administrator>ping 199::199
	正在 Ping 199::199 具有 32 字节的数据:
	来自 199::199 的回复: 时间=2ms
	来自 199::199 的回复: 时间=2ms
	来自 199::199 的回复: 时间=2ms
	来自 199::199 的回复: 时间=2ms
	199::199 的 Ping 统计信息:
	  数据包: 已发送 = 4, 已接收 = 4, 丢失 = 0 (0% 丢失),

设备名称	验证测试步骤
Host_1	往返行程的估计时间(以 ms 为单位): 　　最短 = 2ms,最长 = 2ms,平均 = 2ms C:\Users\Administrator>ping 299::299 正在 Ping 299::299 具有 32 字节的数据: 来自 299::299 的回复: 时间=4ms 来自 299::299 的回复: 时间=3ms 来自 299::299 的回复: 时间=3ms 来自 299::299 的回复: 时间=3ms 299::299 的 Ping 统计信息: 　　数据包:已发送 = 4,已接收 = 4,丢失 = 0 (0% 丢失), 往返行程的估计时间(以 ms 为单位): 　　最短 = 3ms,最长 = 4ms,平均 = 3ms C:\Users\Administrator>tracert −d 99::99 通过最多 30 个跃点跟踪到 99::99 的路由 　1　　<1ms　　<1ms　　<1ms 99::99 跟踪完成。 C:\Users\Administrator>tracert −d 199::199 通过最多 30 个跃点跟踪到 199::199 的路由 　1　<1ms　　<1ms　　<1ms 2023:6:16:99::1 　2　　2ms　　2ms　　　1ms 199::199 跟踪完成。 C:\Users\Administrator>tracert −d 299::299 通过最多 30 个跃点跟踪到 299::299 的路由 　1　　1ms　　<1ms　　<1ms 2023:6:16:99::1 　2　　2ms　　2ms　　2ms 199::199 　3　　3ms　　3ms　　3ms 299::299 跟踪完成。 C:\Users\Administrator>

第 10 章　IS-IS

10.1　背景知识

10.1.1　IS-IS简介

IS-IS属于IGP（Interior Gateway Protocol，内部网关协议），用于自治系统内部。IS-IS是一种链路状态协议，使用SPF（Shortest Path First，最短路径优先）算法进行路由计算。

10.1.2　IS-IS基本术语

① IS（Intermediate System）：中间系统。相当于TCP/IP中的路由器，是IS-IS协议中生成路由和传播路由信息的基本单元。在下文中IS和路由器具有相同的含义。

② ES（End System）：终端系统。相当于TCP/IP中的主机系统。ES不参与IS-IS路由协议的处理，ISO使用专门的ES-IS协议定义终端系统与中间系统间的通信。

③ RD（Routing Domain）：路由域。在一个路由域中多个IS通过相同的路由协议来交换路由信息。

④ Area：区域，路由域的细分单元，IS-IS允许将整个路由域分为多个区域。

⑤ LSDB（Link State DataBase）：链路状态数据库。网络内所有链路的状态组成了链路状态数据库，在每一个IS中都至少有一个LSDB。IS使用SPF算法，利用LSDB来生成自己的路由。

10.1.3　IS-IS地址

如图10.1所示，NSAP由IDP（Initial Domain Part）和DSP（Domain Specific Part）组成。IDP相当于IP地址中的主网络号，DSP相当于IP地址中的子网号和主机地址。

IDP部分是ISO规定的，它由AFI（Authority and Format Identifier）和IDI（Initial Domain Identifier）两部分组成：

① AFI表示地址分配机构和地址格式。

② IDI用来标识域。

DSP由HO-DSP（High Order Part of DSP）、SystemID和SEL三个部分组成：

① HO-DSP用来分割区域。

② SystemID用来区分主机。

③ SEL有时也写成N-SEL（NSAP Selector），它的作用类似IP中的"协议标识符"，用于指示服务类型，不同的传输协议对应不同的SEL。

IDP和DSP的长度都是可变的，NSAP总长最多是20个字节，最少8个字节。

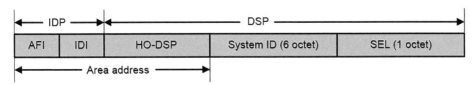

图10.1　IS-IS协议的地址结构示意图

IS-IS地址结构由以下三部分组成：

① 区域地址。

IDP和DSP中的HO-DSP一起，既能够标识路由域，也能够标识路由域中的区域，被称为区域地址。两个不同的路由域中不允许有相同的区域地址。

一般情况下，一台路由器只需要配置一个区域地址，且同一区域中所有节点的区域地址都要相同。为了支持区域的平滑合并、分割及转换，一台路由器最多可配置3个区域地址。

② System ID。

System ID 用来在区域内唯一标识主机或路由器。它的长度固定为 48 bit。

在实际应用中，一般使用 Router ID 与 System ID 进行对应。假设一台路由器使用接口 Loopback0 的 IP 地址 168.10.1.1 作为 Router ID，则它在 IS-IS 使用的 System ID 可通过如下方法转换得到：

A. 将 IP 地址 168.10.1.1 的每一部分都扩展为 3 位，不足 3 位的在前面补 0；

B. 将扩展后的地址 168.010.001.001 重新划分为 3 部分，每部分由 4 位数字组成，得到的 1680.1000.1001 就是 System ID。

实际 System ID 的指定可以有不同的方法，但要保证能够唯一标识主机或路由器。

③ SEL。

SEL 用于指示服务类型，不同的传输协议对应不同的 SEL。它的长度固定为 8 bit。在 IP 中，SEL 均为 00。

10.1.4　NET

NET（Network Entity Title，网络实体名称）指示的是 IS 本身的网络层信息，不包括传输层信息，可以看作是一类特殊的 NSAP，即 SEL 为 0 的 NSAP 地址。因此，NET 的长度与 NSAP 的相同，为 8~20 个字节。

NET 由三部分组成：

① 区域 ID：它的长度可变的，为 1~13 个字节。

② System ID：用来在区域内唯一标识主机或路由器，它的长度固定为 6 个字节。

③ SEL：为 0，它的长度固定为 1 个字节。

例如 NET 为 ab.cdef.1234.5678.9abc.00，则其中区域 ID 为 ab.cdef，System ID 为 1234.5678.9abc，SEL 为 00。

通常情况下，一台路由器配置一个 NET 即可，当区域需要重新划分时，例如将多个区域合并，或者将一个区域划分为多个区域，这种情况下配置多个 NET 可以在重新配置时仍然能够保证路由的正确性。由于一台路由器最多可配置 3 个区域地址，所以最多也只能配置 3 个 NET。在配置多个 NET 时，必须保证它们的 System ID 都相同。

10.1.5　IS-IS区域

为了支持大规模的路由网络，IS-IS在路由域内采用两级的分层结构。一个大的路由域通常被分成多个区域（Areas）。一般来说，我们将Level-1路由器部署在区域内，Level-2路由器部署在区域间，Level-1-2路由器部署在Level-1路由器和Level-2路由器的中间。

1.Level-1路由器

Level-1路由器负责区域内的路由，它只与属于同一区域的Level-1和Level-1-2路由器形成邻居关系，维护一个Level-1的LSDB，该LSDB包含本区域的路由信息，到区域外的报文转发给最近的Level-1-2路由器。

属于不同区域的Level-1路由器不能形成邻居关系。

2.Level-2路由器

Level-2路由器负责区域间的路由，可以与同一区域或者其他区域的Level-2和Level-1-2路由器形成邻居关系，维护一个Level-2的LSDB，该LSDB包含区域间的路由信息。所有Level-2路由器和Level-1-2路由器组成路由域的骨干网，负责在不同区域间通信，骨干网必须是物理连续的。

Level-2路由器是否形成邻居关系与区域无关。

3.Level-1-2路由器

同时属于Level-1和Level-2的路由器称为Level-1-2路由器，可以与同一区域的Level-1和Level-1-2路由器形成Level-1邻居关系，也可以与同一区域或者其他区域的Level-2和Level-1-2路由器形成Level-2的邻居关系。Level-1路由器必须通过Level-1-2路由器才能连接至其他区域。Level-1-2路由器维护两个LSDB，Level-1的LSDB用于区域内路由，Level-2的LSDB用于区域间路由。

10.1.6　IS-IS拓扑结构

图10.2为一个运行IS-IS协议的网络，其中Area 1是骨干区域，该区域中的所有路由器均是Level-2路由器。另外4个区域为非骨干区域，它们都通过Level-1-2路由器与骨干路由器相连。

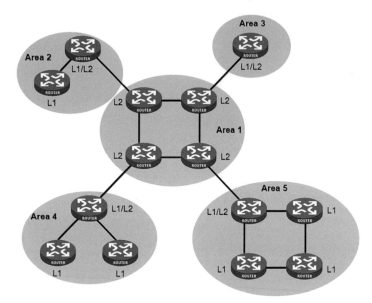

图10.2　IS-IS拓扑结构图之一

　　图10.3是IS-IS的另外一种拓扑结构图。在这个拓扑中，并没有规定哪个区域是骨干区域。所有Level-2路由器和Level-1-2路由器构成了IS-IS的骨干网，它们可以属于不同的区域，但必须是物理连续的。IS-IS的骨干网（Backbone）指的不是一个特定的区域。

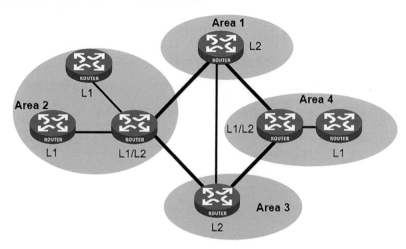

图10.3　IS-IS拓扑结构图之二

IS-IS不论是Level-1还是Level-2路由，都采用SPF算法，分别生成最短路径树（Shortest Path Tree，SPT）。

10.1.7　路由渗透

通常情况下，区域内的路由通过Level-1的路由器进行管理。所有的Level-2路由器和Level-1-2路由器构成一个Level-2区域。因此，一个IS-IS的路由域可以包含多个Level-1区域，但只有一个Level-2区域。

Level-1区域必须且只能与Level-1-2区域相连，不同的Level-1区域之间并不相连。

Level-1区域内的路由信息通过Level-1-2路由器发布到Level-2区域，因此，Level-2路由器知道整个IS-IS路由域的路由信息。但是，在缺省情况下，Level-2路由器并不将自己知道的其他Level-1区域以及Level-2区域的路由信息发布到Level-1区域。这样，Level-1路由器将不了解本区域以外的路由信息，Level-1路由器只将去往其他区域的报文发送到最近的Level-1-2路由器，所以可能导致对本区域之外的目的地址无法选择最佳的路由。

为解决上述问题，IS-IS提供了路由渗透功能，使Level-1-2路由器可以将已知的其他Level-1区域以及Level-2区域的路由信息发布到指定的Level-1区域。

10.1.8　IS-IS的网络类型

IS-IS只支持两种类型的网络，根据物理链路不同可分为：

① 广播链路：如Ethernet、Token-Ring等。

② 点到点链路：如PPP、HDLC等。

📖 说明

IS-IS不能在点到多点（Point-to-MultiPoint，P2MP）链路上运行。

10.1.9　IS-IS报文

1.PDU

IS-IS报文是直接封装在数据链路层的帧结构中的。PDU（Protocol Data Unit，协议数据单元）可以分为两个部分，报文头和变长字段部分。其中报文头又可分为通用报头和专用报头。对于所有PDU来说，通用报头都是相同的，但专用报头根据PDU类型不同而有所差别，如图10.4所示。

| PDU common header | PDU specific header | Variable length fields (CLV) |

图 10.4　PDU 格式

2.Hello 报文

Hello 报文：用于建立和维持邻居关系，也称为 IIH（IS-to-IS Hello PDUs）。其中，广播网中的 Level-1 路由器使用 Level-1 LAN IIH，广播网中的 Level-2 路由器使用 Level-2 LAN IIH，点到点网络中的路由器则使用 P2P IIH。

3.LSP 报文

LSP 报文：用于交换链路状态信息。LSP 分为两种：Level-1 LSP 和 Level-2 LSP。Level-1 路由器传送 Level-1 LSP，Level-2 路由器传送 Level-2 LSP，Level-1-2 路由器则可传送以上两种 LSP。

4.SNP 报文

SNP（Sequence Number PDU，时序报文）通过描述全部或部分数据库中的 LSP 来同步 LSDB，从而维护 LSDB 的完整和同步。

SNP 包括 CSNP（Complete Sequence Number PDU，全时序报文）和 PSNP（Partial Sequence Number PDU，部分时序报文），进一步又可分为 Level-1 CSNP、Level-2 CSNP、Level-1 PSNP 和 Level-2 PSNP。

CSNP 包括 LSDB 中所有 LSP 的概要信息，从而可以在相邻路由器间保持 LSDB 的同步。在广播网络上，CSNP 由 DIS 定期发送（缺省的发送周期为 10 秒）；在点到点链路上，CSNP 只在第一次建立邻接关系时发送。

PSNP 只列举最近收到的一个或多个 LSP 的序列号，它能够一次对多个 LSP 进行确认。当发现 LSDB 不同步时，也用 PSNP 来请求邻居发送新的 LSP。

10.2　细分知识

10.2.1　IPv6 IS-IS 简介

IS-IS（Intermediate System-to-Intermediate System，中间系统到中间系统）支持多种网络层协议，其中包括 IPv6 协议，支持 IPv6 协议的 IS-IS 路由协议又称为 IPv6 IS-IS 动态路由协议。

10.2.2　配置IPv6 IS-IS的基本特性

在IPv6网络环境中，可以通过配置IPv6 IS-IS路由协议来实现IPv6网络的互联。

1. 配置准备

在配置之前，需完成以下任务：

① 配置接口的网络层地址，使各相邻节点网络层可达。

② 启动IS-IS。

2. 配置IS-IS的IPv6基本特性

表10.1　配置IS-IS的IPv6基本特性

操作	命令	说明
进入系统视图	system-view	–
启动IS-IS路由进程，进入IS-IS视图	isis [process-id] [vpn-instance vpn-instance-name]	缺省情况下，系统没有运行IS-IS
配置网络实体名称(NET)	network-entity net	缺省情况下，没有配置NET
使能IS-IS进程的IPv6能力	ipv6 enable	缺省情况下，没有使能IS-IS路由进程的IPv6能力
创建并进入IPv6地址族视图	address-family ipv6 [unicast]	缺省情况下，没有创建IS-IS IPv6地址族视图
退回到IS-IS视图	quit	–
退回到系统视图	quit	–
进入接口视图	interface interface-type inter-face-number	–
使能接口IS-IS路由进程的IPv6能力并指定要关联的IS-IS进程号	isis ipv6 enable [process-id]	缺省情况下，接口上没有使能IS-IS路由进程的IPv6能力

10.3　项目部署与任务分解

项目：探究IPv6 IS-IS路由协议的综合应用

【项目简介】

实验环境采用两台S5820V2-54QS-GE系列三层交换机SW-1，SW-2模拟IPv6互联网络，路由协议采用IS-IS。各设备启用IPv6协议栈，为相关

VLAN 接口配置 IPv6 地址，其中 VLAN99-IF 开启前缀通告，为 IPv6 客户端提供 IPv6 无状态地址分配功能。IPv6 客户端分别由一台安装 windows10 操作系统的主机模拟。要求实现采用无状态地址分配的 IPv6 基础网络互联互通。

NET（Network Entity Title，网络实体名称）指示的是 IS 本身的网络层信息，不包括传输层信息，可以看作是一类特殊的 NSAP，即 SEL 为 0 的 NSAP 地址。因此，NET 的长度与 NSAP 的相同，为 8~20 个字节。

NET 由三部分组成：

① 区域 ID：它的长度可变的，为 1~13 个字节。

② System ID：用来在区域内唯一标识主机或路由器，它的长度固定为 6 个字节。

③ SEL：为 0，它的长度固定为 1 个字节。

Network Entity Title 规划表，如表 10.2 所示。

表 10.2　Network Entity Title 规划表

设备名	区域 ID	System ID	SEL
SW-1	49.2023	2023.0515.0001	00
SW-2	49.2023	2023.0515.0002	00

【任务分解】

（1）网络拓扑图

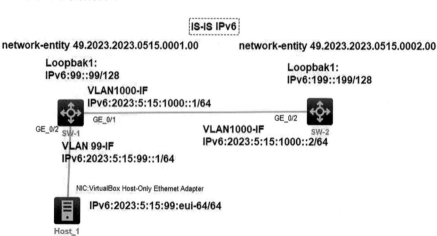

图 10.5　网络拓扑图

（2）网络设备连接表

表10.3　网络设备连接表

网络设备名称	接口	网络设备名称	接口
SW-1	GE_0/1	SW-2	GE_0/2
SW-1	GE_0/2	Host_1	VirtualBox Host-Only Network

（3）数据规划表

表10.4　数据规划表

网络设备名称	接口类型与编号	IPv6地址
SW-1	VLAN99-IF	2023:5:15:99::1/64
SW-1	VLAN1000-IF	2023:5:15:1000::1/64
SW-1	LoopBack 1	99::99/128
SW-2	VLAN1000-IF	2023:5:15:1000::2/64
SW-2	LoopBack 1	199::199/128
Host_1	VirtualBox Host-Only Network	2023:5:15:99:eui-64/64

（4）网络设备配置

表10.5　网络设备配置

设备名称	相关配置
SW-1	# sysname SW-1 # isis 1　　　　//isis进程1 is-level level-2　//isis路由器类型为Level-2 network-entity 49.2023.2023.0515.0001.00 //isis区域ID为49.2023 　# address-family ipv6 unicast　//ISIS IPv6协议簇 # vlan 99 # vlan 1000 # interface LoopBack1 isis ipv6 enable 1　//在接口应用isis ipv6进程1 ipv6 address 99::99/128 # interface Vlan-interface99 isis ipv6 enable 1　//在接口应用isis ipv6进程1 ipv6 address 2023:5:15:99::1/64 undo ipv6 nd ra halt

续表

设备名称	相关配置
SW-1	# interface Vlan-interface1000 isis ipv6 enable 1　//在接口应用 isis ipv6 进程 1 ipv6 address 2023:5:15:1000::1/64 # # interface GigabitEthernet1/0/1 port link-mode bridge port access vlan 1000 combo enable fiber # interface GigabitEthernet1/0/2 port link-mode bridge port access vlan 99 combo enable fiber #
SW-2	# sysname SW-2 # isis 1　//isis 进程 1 is-level level-2 //isis 路由器类型为 Level-2 network-entity 49.2023.2023.0515.0002.00 //isis 区域 ID 为 49.2023 # address-family ipv6 unicast　//ISIS IPv6 协议簇 # vlan 1000 # interface LoopBack1 isis ipv6 enable 1　//在接口应用 isis ipv6 进程 1 ipv6 address 199::199/128 # interface Vlan-interface1000 isis ipv6 enable 1　//在接口应用 isis ipv6 进程 1 ipv6 address 2023:5:15:1000::2/64 # interface GigabitEthernet1/0/1 port link-mode bridge port access vlan 1000 combo enable fiber # interface GigabitEthernet1/0/2 port link-mode bridge port access vlan 1000 combo enable fiber #

（5）验证测试

表10.6　验证测试步骤

设备名称	验证测试步骤
SW-1	[SW-1]display ipv6 interface brief *down: administratively down (s): spoofing Interface　　　　　　　　　　Physical Protocol IPv6 Address LoopBack1　　　　　　　　　　up　　　up(s)　　99::99 M-GigabitEthernet0/0/0　　　down　　down　　Unassigned Vlan-interface99　　　　　　up　　　up　　　2023:5:15:99::1 Vlan-interface1000　　　　　up　　　up　　　2023:5:15:1000::1 --- [SW-1]display isis peer　//查看isis邻居信息 　　　　　　　　　Peer information for IS-IS(1) 　　　　　　　----------------------------- System ID: 2023.0515.0002 Interface: Vlan1000　　　　Circuit Id: 2023.0515.0002.01 State: up　　HoldTime: 7s　　Type: L2　　　PRI: 64 --- [SW-1]display isis peer verbose　//查看isis邻居详细信息 　　　　　　　　　Peer information for IS-IS(1) 　　　　　　　----------------------------- System ID: 2023.0515.0002 Interface: Vlan1000　　　　Circuit Id: 2023.0515.0002.01 State: up　　HoldTime: 9s　　Type: L2　　　PRI: 64 Area address(es): 49.2023 Peer IPv6 address(es): FE80::5A4D:6EFF:FE21:202 Peer local circuit ID: 1 Peer circuit SNPA address: 584d-6e21-0202 Uptime: 00:53:18 Adj protocol: IPv6 Graceful Restart capable 　Restarting signal: No 　Suppress adjacency advertisement: No Local topology: 　0 Remote topology: 　0

续表

设备名称	验证测试步骤
SW-1	[SW-1]display isis peer statistics //查看isis邻居统计信息 Peer Statistics information for IS-IS(1) --- Type IPv4 up/Init IPv6 up/Init LAN Level-1 0/0 0/0 LAN Level-2 0/0 1/0 P2P 0/0 0/0 [SW-1] [SW-1]display ipv6 routing-table protocol isisv6 //查看isis ipv6路由表 Summary count : 4 ISISv6 Routing table status : \<Active> Summary count : 1 Destination: 199::199/128 Protocol : IS_L2 NextHop : FE80::5A4D:6EFF:FE21:202 Preference: 15 Interface : Vlan1000 Cost : 10 ISISv6 Routing table status : \<Inactive> Summary count : 3 Destination: 99::99/128 Protocol : IS_L2 NextHop : :: Preference: 15 Interface : Loop1 Cost : 0 Destination: 2023:5:15:99::/64 Protocol : IS_L2 NextHop : :: Preference: 15 Interface : Vlan99 Cost : 10 Destination: 2023:5:15:1000::/64 Protocol : IS_L2 NextHop : :: Preference: 15 Interface : Vlan1000 Cost : 10 [SW-1]
SW-2	[SW-2]display ipv6 interface brief *down: administratively down (s): spoofing Interface Physical Protocol IPv6 Address LoopBack1 up up(s) 199::199 M-GigabitEthernet0/0/0 down down Unassigned Vlan-interface1000 up up 2023:5:15:1000::2

设备名称	验证测试步骤
SW-2	[SW-2]display isis peer Peer information for IS-IS(1) ------------------------------ System ID: 2023.0515.0001 Interface: Vlan1000 Circuit Id: 2023.0515.0002.01 State: up HoldTime: 26s Type: L2 PRI: 64

	[SW-2]display isis peer verbose
	
	Peer information for IS-IS(1)
	------------------------------ 	
	
	System ID: 2023.0515.0001
	Interface: Vlan1000 Circuit Id: 2023.0515.0002.01
	State: up HoldTime: 26s Type: L2 PRI: 64
	Area address(es): 49.2023
	Peer IPv6 address(es): FE80::5A4D:62FF:FE0A:102
	Peer local circuit ID: 1
	Peer circuit SNPA address: 584d-620a-0102
	Uptime: 01:09:49
	Adj protocol: IPv6
	Graceful Restart capable
	  Restarting signal: No
	  Suppress adjacency advertisement: No
	Local topology:
	  0
	Remote topology:
	  0

	[SW-2]display isis peer statistics Peer Statistics information for IS-IS(1) -- Type IPv4 up/Init IPv6 up/Init LAN Level-1 0/0 0/0 LAN Level-2 0/0 1/0 P2P 0/0 0/0
	[SW-2]display ipv6 routing-table protocol isisv6 Summary count : 4 ISISv6 Routing table status : <Active> Summary count : 2

续表

设备名称	验证测试步骤	
SW-2	Destination: 99::99/128 NextHop : FE80::5A4D:62FF:FE0A:102 Interface : Vlan1000	Protocol : IS_L2 Preference: 15 Cost : 10
	Destination: 2023:5:15:99::/64 NextHop : FE80::5A4D:62FF:FE0A:102 Interface : Vlan1000	Protocol : IS_L2 Preference: 15 Cost : 20
	ISISv6 Routing table status : <Inactive> Summary count : 2	
	Destination: 199::199/128 NextHop : :: Interface : Loop1	Protocol : IS_L2 Preference: 15 Cost : 0
	Destination: 2023:5:15:1000::/64 NextHop : :: Interface : Vlan1000 [SW-2]	Protocol : IS_L2 Preference: 15 Cost : 10

Host_1	C:\Users\Administrator>ipconfig
	
	Windows IP 配置
	
	以太网适配器 以太网：
	
	    连接特定的 DNS 后缀 . . . . : d
	    IPv6 地址 . . . . : 2023:4:19:504:2e0:fcff:fe12:3456
	    本地链接 IPv6 地址. . . . . : fe80::1d2d:c94:cb:d6a2%3
	    IPv4 地址 . . . . : 172.18.9.79
	    子网掩码 . . . . : 255.255.255.0
	    默认网关. . . . . : 172.18.9.1
	
	以太网适配器 VirtualBox Host-Only Network：
	
	    连接特定的 DNS 后缀 . . . . :
	    IPv6 地址 . . . . : 2023:5:15:99:48f3:ac9d:e36d:25d3
	    本地链接 IPv6 地址. . . . . : fe80::48f3:ac9d:e36d:25d3%5
	    IPv4 地址 . . . . : 192.168.56.102
	    子网掩码 . . . . : 255.255.255.0
	    默认网关. . . . . : fe80::5a4d:62ff:fe0a:102%5	

续表

设备名称	验证测试步骤

Host_1	C:\Users\Administrator>ping 99::99
	
	正在 Ping 99::99 具有 32 字节的数据:
	来自 99::99 的回复: 时间<1ms
	来自 99::99 的回复: 时间=1ms
	来自 99::99 的回复: 时间=1ms
	来自 99::99 的回复: 时间<1ms
	
	99::99 的 Ping 统计信息:
	    数据包: 已发送 = 4, 已接收 = 4, 丢失 = 0 (0% 丢失),
	  往返行程的估计时间(以 ms 为单位):
	    最短 = 0ms, 最长 = 1ms, 平均 = 0ms
	
	C:\Users\Administrator>ping 199::199
	
	正在 Ping 199::199 具有 32 字节的数据:
	来自 199::199 的回复: 时间=2ms
	来自 199::199 的回复: 时间=2ms
	来自 199::199 的回复: 时间=2ms
	来自 199::199 的回复: 时间=2ms
	
	199::199 的 Ping 统计信息:
	    数据包: 已发送 = 4, 已接收 = 4, 丢失 = 0 (0% 丢失),
	  往返行程的估计时间(以 ms 为单位):
	    最短 = 2ms, 最长 = 2ms, 平均 = 2ms

	C:\Users\Administrator>tracert −d 99::99
	
	通过最多 30 个跃点跟踪到 99::99 的路由
	
	  1 <1ms <1ms <1ms 99::99
	
	跟踪完成。
	
	C:\Users\Administrator>tracert −d 199::199
	
	通过最多 30 个跃点跟踪到 199::199 的路由
	
	  1 1ms <1ms 1ms 2023:5:15:99::1
	  2 1ms 1ms 1ms 199::199
	
	跟踪完成。
	
	C:\Users\Administrator>

第11章　OSPFv3

11.1　背景知识

11.1.1　OSPFv3概述

OSPFv3是OSPF（Open Shortest Path First，开放最短路径优先）版本3的简称，主要提供对IPv6的支持，遵循的标准为RFC 5340。OSPFv3和OSPFv2在很多方面是相同的：

① Router ID，Area ID仍然是32位的。

② 相同类型的报文：Hello报文，DD（Database Description，数据库描述）报文，LSR（Link State Request，链路状态请求）报文，LSU（Link State Update，链路状态更新）报文和LSAck（Link State Acknowledgment，链路状态确认）报文。

③ 相同的邻居发现机制和邻接形成机制。

④ 相同的LSA扩散机制和老化机制。

OSPFv3和OSPFv2的不同主要有：

① OSPFv3是基于链路运行；OSPFv2是基于网段运行。在配置OSPFv3时，不需要考虑是否配置在同一网段，只要在同一链路，就可以直接建立联系。

② OSPFv3在同一条链路上可以运行多个实例，即一个接口可以使能多个OSPFv3进程（使用不同的实例）。

③ OSPFv3是通过Router ID来标识邻居；OSPFv2则是通过IPv4地址来标识邻居。

11.1.2　OSPFv3的协议报文

和OSPFv2一样，OSPFv3也有五种报文类型，如下：

① Hello报文：周期性发送，用来发现和维持OSPFv3邻居关系，以及进行 DR（Designated Router，指定路由器）/BDR（Backup Designated Router，备份指定路由器）的选举。

② DD（Database Description，数据库描述）报文：描述了本地LSDB（Link State DataBase，链路状态数据库）中每一条LSA（Link State Advertisement，链路状态通告）的摘要信息，用于两台路由器进行数据库同步。

③ LSR（Link State Request，链路状态请求）报文：向对方请求所需的LSA。两台路由器互相交换DD报文之后，得知对端的路由器有哪些LSA是本地的LSDB所缺少的，这时需要发送LSR报文向对方请求所需的LSA。

④ LSU（Link State Update，链路状态更新）报文：向对方发送其所需要的LSA。

⑤ LSAck（Link State Acknowledgment，链路状态确认）报文：用来对收到的LSA进行确认。

11.1.3　OSPFv3的区域类型

1.骨干区域（Backbone Area）

骨干区域（Backbone Area）的价值是汇总每一个区域的网络拓扑到其他所有的区域。

骨干区域的特点有：

① 骨干区域不可被分割。

② 非骨干区域必须和骨干区域相连。

2.非骨干区域

非骨干区域，但又不是特殊区域，也即是常见的除了骨干区域和特殊区域之外的区域。

3.特殊区域

① 末梢区域（stub）。

区域隔绝5类和4类LSA，区域存在3类LSA，主要用来通告缺省路由以及普通网络汇总LSA，区域内存在1类LSA，可能有2类LSA。

路由器角色只有ABR和区域内路由器两种。

② 完全末梢区域（totally stub）。

区域隔绝5类和4类LSA，区域存在3类LSA，主要用来通告缺省路由，有区域内存在1类LSA，可能有2类LSA。

路由器角色只有ABR和区域内路由器两种。

③ NSSA区域。

区域隔绝5类和4类LSA，区域存在3类LSA，主要用来通告缺省路由以及普通网络汇总LSA，区域内存在1类LSA，可能有2类LSA，比较特殊的是，区域内有7类LSA。

路由器角色有ABR、区域内路由器和ASBR三种。

④ Totally NSSA区域。

完全NSSA区域，表示该区域为网络末节。

相较与NSSA区域，Totally NSSA区域内不允许存在3类明细，故需要生成一条默认的3类默认路由。

完全NSSA区域内不存在3、4、5类明细，但会存在3类默认路由、7类路由明细。

完全NSSA区域仍可以继续引入外部路由发布给OSPF的其他区域。

简略特点：拒绝3、4、5类，生成3类默认路由、7类默认路由，仍可引入外部路由。

11.2 细分知识

LSA（Link State Advertisement，链路状态通告）是OSPFv3协议计算和维护路由信息的主要来源，常用的LSA有以下几种类型。

① Router LSA（Type-1）：由每个路由器生成，描述本路由器的链路状态和开销，只在路由器所处区域内传播。

② Network LSA（Type-2）：由广播网络和NBMA（Non-Broadcast Multi-Access，非广播多路访问）网络的DR（Designated Router，指定路由器）生成，描述本网段接口的链路状态，只在DR所处区域内传播。

③ Inter-Area-Prefix LSA（Type-3）：由ABR（Area Border Router，区域

边界路由器）生成，在与该LSA相关的区域内传播，描述一条到达本自治系统内其他区域的IPv6地址前缀的路由。

④ Inter-Area-Router LSA（Type-4）：由ABR生成，在与该LSA相关的区域内传播，描述一条到达本自治系统内的ASBR（Autonomous System Boundary Router，自治系统边界路由器）的路由。

⑤ AS External LSA（Type-5）：由ASBR生成，描述到达其他AS（Autonomous System，自治系统）的路由，传播到整个AS（Stub区域和NSSA区域除外）。缺省路由也可以用AS External LSA来描述。

⑥ NSSA LSA（Type-7）：由NSSA（Not-So-Stubby Area）区域内的AS-BR生成，描述到AS外部的路由，仅在NSSA区域内传播。

⑦ Link LSA（Type-8）：路由器为每一条链路生成一个Link-LSA，在本地链路范围内传播，描述该链路上所连接的IPv6地址前缀及路由器的Link-local地址。

⑧ Intra-Area-Prefix LSA（Type-9）：包含路由器上的IPv6前缀信息，Stub区域信息或穿越区域（Transit Area）的网段信息，该LSA在区域内传播。由于Router LSA和Network LSA不再包含地址信息，导致了Intra-Area-Prefix LSA的引入。

⑨ Grace LSA（Type-11）：由Restarter在重启时候生成的，在本地链路范围内传播。这个LSA描述了重启设备的重启原因和重启时间间隔，目的是通知邻居本设备将进入GR（Graceful Restart，平滑重启）。

11.3 项目部署与任务分解

项目一：探究IPv6 OSPFv3路由协议单区域的典型应用

【项目简介】

实验环境采用两台S5820V2-54QS-GE系列三层交换机SW-1，SW-2模拟IPv6互联网络，路由协议采用OSPFv3。各设备启用IPv6协议栈，为相关VLAN接口配置IPv6地址，其中VLAN99-IF开启前缀通告，为IPv6客户端提供IPv6无状态地址分配功能。IPv6客户端分别由一台安装windows10操作系统的主机模拟。要求实现采用无状态地址分配的IPv6基础网络互联互通。

骨干区域：

区域 0（或者区域 0.0.0.0）是为骨干域保留的区域 ID 号。

骨干区域（Backbone Area）的任务是汇总每一个区域的网络拓扑到其他所有的区域。

骨干区域的特点：

① 骨干区域不可被分割。

② 非骨干区域必须和骨干区域相连。

【任务分解】

（1）网络拓扑图

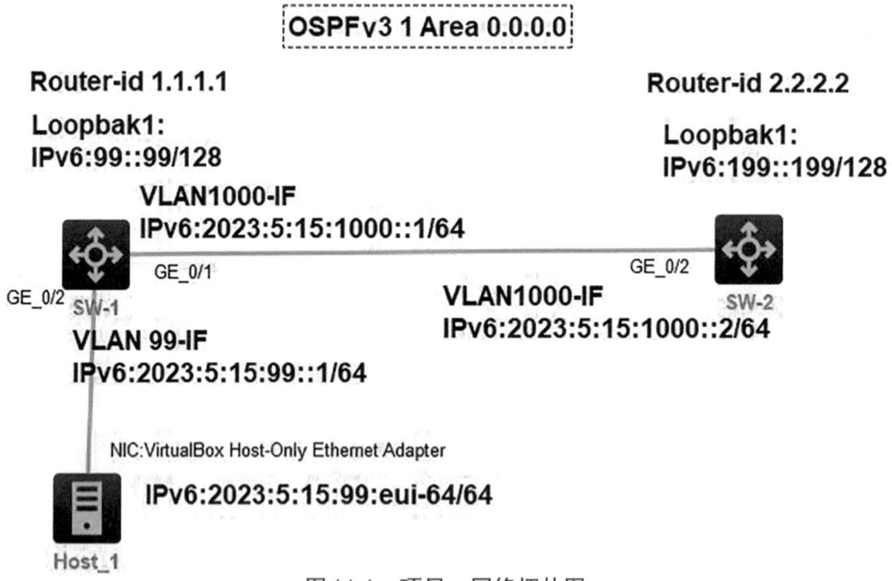

图 11.1　项目一网络拓扑图

（2）网络设备连接表

表 11.1　项目一网络设备连接表

网络设备名称	接口	网络设备名称	接口
SW-1	GE_0/1	SW-2	GE_0/2
SW-1	GE_0/2	Host_1	VirtualBox Host-Only Network

（3）数据规划表

表 11.2　项目一数据规划表

网络设备名称	接口类型与编号	IPv6 地址
SW-1	VLAN99-IF	2023:5:15:99::1/64
SW-1	VLAN1000-IF	2023:5:15:1000::1/64
SW-1	LoopBack 1	99::99/128
SW-2	VLAN1000-IF	2023:5:15:1000::2/64
SW-2	LoopBack 1	199::199/128
Host_1	VirtualBox Host-Only Network	2023:5:15:99:eui-64/64

（4）网络设备配置

表 11.3　项目一网络设备配置

设备名称	相关配置
SW-1	```#
sysname SW-1
#
ospfv3 1   //定义 OSPFv3 的进程，区域以及 router-id
router-id 1.1.1.1
area 0.0.0.0
#
vlan 99
#
vlan 1000
#
interface LoopBack1
ospfv3 1 area 0.0.0.0 //在接口上启用 OSPFv3 进程并在 area0 中发布
ipv6 address 99::99/128
#
interface Vlan-interface99
ospfv3 1 area 0.0.0.0 //在接口上启用 OSPFv3 进程并在 area0 中发布
ipv6 address 2023:5:15:99::1/64
undo ipv6 nd ra halt
#
interface Vlan-interface1000
ospfv3 1 area 0.0.0.0 //在接口上启用 OSPFv3 进程并在 area0 中发布
ipv6 address 2023:5:15:1000::1/64
#
#
interface GigabitEthernet1/0/1
port link-mode bridge
port access vlan 1000 //将接口的 pvid 设置为 vlan 1000
combo enable fiber```

续表

设备名称	相关配置
SW-1	# interface GigabitEthernet1/0/2 port link-mode bridge port access vlan 99 //将接口的pvid设置为vlan 99 combo enable fiber #
SW-2	# sysname SW-2 # ospfv3 1 //定义OSPFv3的进程,区域以及router-id router-id 2.2.2.2 area 0.0.0.0 # vlan 1000 # interface LoopBack1 ospfv3 1 area 0.0.0.0 //在接口上启用OSPFv3进程并在area0中发布 ipv6 address 199::199/128 # interface Vlan-interface1000 ospfv3 1 area 0.0.0.0 //在接口上启用OSPFv3进程并在area0中发布 ipv6 address 2023:5:15:1000::2/64 # interface GigabitEthernet1/0/2 port link-mode bridge port access vlan 1000 //将接口的pvid设置为vlan 1000 combo enable fiber #

（5）验证测试

表11.4 项目一验证测试步骤

设备名称	验证测试步骤
SW-1	[SW-1]display ospfv3 area 0 peer //查看OSPFv3邻居信息 OSPFv3 Process 1 with Router ID 1.1.1.1 Area: 0.0.0.0 --- ----- Router ID Pri State Dead-Time InstID Interface 2.2.2.2 1 Full/BDR 00:00:34 0 Vlan1000

设备名称	验证测试步骤

SW-1	[SW-1]display ospfv3 interface Vlan-interface 1000
	//查看运行OSPFv3协议的接口信息
	          OSPFv3 Process 1 with Router ID 1.1.1.1
	 Area: 0.0.0.0
	 --- 	
	------ 	
	
	 Vlan-interface1000 is up, line protocol is up
	  Interface ID 1415 Instance ID 0
	  IPv6 prefixes
	    FE80::5A4D:62FF:FE0A:102 (Link-Local address)
	    2023:5:15:1000::1
	  Cost: 1 State: DR Type: Broadcast MTU: 1500
	  Priority: 1
	  Designated router: 1.1.1.1
	  Backup designated router: 2.2.2.2
	  Timers: Hello 10, Dead 40, Poll 40, Retransmit 5, Transmit delay 1
	  FRR backup: Enabled
	  Neighbor count is 1, Adjacent neighbor count is 1
	  Exchanging/Loading neighbors: 0
	  Wait timer: Off, LsAck timer: Off

	[SW-1]display ipv6 routing-table protocol ospfv3
	//查看OSPFv3路由表
	Summary count : 4
	OSPFv3 Routing table status : <Active>
	Summary count : 1
	
	Destination: 199::199/128 Protocol : O_INTRA
	NextHop : FE80::5A4D:6EFF:FE21:202 Preference: 10
	Interface : Vlan1000 Cost : 1
	//由Inter-Area-Prefix LSA(Type-3)生成的路由条目,Cost值为1。
	OSPFv3 Routing table status : <Inactive>
	Summary count : 3
	
	Destination: 99::99/128 Protocol : O_INTRA
	NextHop : :: Preference: 10
	Interface : Loop1 Cost : 0
	
	Destination: 2023:5:15:99::/64 Protocol : O_INTRA
	NextHop : :: Preference: 10
	Interface : Vlan99 Cost : 1
	
	Destination: 2023:5:15:1000::/64 Protocol : O_INTRA
	NextHop : :: Preference: 10
	Interface : Vlan1000 Cost : 1
	[SW-1]

续表

设备名称	验证测试步骤
SW-2	[SW-2]display ipv6 interface brief //查看IPv6接口的简要信息 *down: administratively down (s): spoofing Interface Physical Protocol IPv6 Address LoopBack1 up up(s) 199::199 M-GigabitEthernet0/0/0 down down Unassigned Vlan-interface1000 up up 2023:5:15:1000::2
	[SW-2]display ospfv3 area 0 peer //查看OSPFv3邻居信息 OSPFv3 Process 1 with Router ID 2.2.2.2 Area: 0.0.0.0 --- - Router ID Pri State Dead-Time InstID Interface 1.1.1.1 1 Full/DR 00:00:39 0 Vlan1000
	[SW-2]display ospfv3 interface Vlan-interface 1000 //查看运行OSPFv3协议的接口信息 OSPFv3 Process 1 with Router ID 2.2.2.2 Area: 0.0.0.0 --- Vlan-interface1000 is up, line protocol is up Interface ID 1413 Instance ID 0 IPv6 prefixes FE80::5A4D:6EFF:FE21:202 (Link-Local address) 2023:5:15:1000::2 Cost: 1 State: BDR Type: Broadcast MTU: 1500 Priority: 1 Designated router: 1.1.1.1 Backup designated router: 2.2.2.2 Timers: Hello 10, Dead 40, Poll 40, Retransmit 5, Transmit delay 1 FRR backup: Enabled Neighbor count is 1, Adjacent neighbor count is 1 Exchanging/Loading neighbors: 0 Wait timer: Off, LsAck timer: Off

续表

设备名称	验证测试步骤

SW-2	[SW-2]display ipv6 routing-table protocol ospfv3
	//查看OSPFv3路由表
	Summary count : 4
	OSPFv3 Routing table status : <Active>
	Summary count : 2
	Destination: 99::99/128　　　　　　　　Protocol ：O_INTRA
	NextHop 　：FE80::5A4D:62FF:FE0A:102　　Preference: 10
	Interface ：Vlan1000　　　　　　　　　Cost 　：1
	//由Inter-Area-Prefix LSA(Type-3)生成的路由条目,Cost值为1。
	Destination: 2023:5:15:99::/64　　　　　Protocol ：O_INTRA
	NextHop 　：FE80::5A4D:62FF:FE0A:102　　Preference: 10
	Interface ：Vlan1000　　　　　　　　　Cost 　：2
	//由Inter-Area-Prefix LSA(Type-3)生成的路由条目,Cost值为2。
	
	OSPFv3 Routing table status : <Inactive>
	Summary count : 2
	Destination: 199::199/128　　　　　　　Protocol ：O_INTRA
	NextHop 　：::　　　　　　　　　　　　Preference: 10
	Interface ：Loop1　　　　　　　　　　Cost 　：0
	
	Destination: 2023:5:15:1000::/64　　　　Protocol ：O_INTRA
	NextHop 　：::　　　　　　　　　　　　Preference: 10
	Interface ：Vlan1000　　　　　　　　　Cost 　：1
	[SW-2]

Host_1	C:\Users\Administrator>ipconfig Windows IP 配置 //无状态地址分配,获取到的IPv6全局单播地址 以太网适配器 VirtualBox Host-Only Network: 　连接特定的 DNS 后缀 . . . . : 　IPv6 地址 . . . . : 2023:5:15:99:48f3:ac9d:e36d:25d3 　本地链接 IPv6 地址 . . . . : fe80::48f3:ac9d:e36d:25d3%5 　IPv4 地址 . . . . : 192.168.56.102 　子网掩码 . . . . : 255.255.255.0 　默认网关 . . . . : fe80::5a4d:62ff:fe0a:102%5

续表

设备名称	验证测试步骤

Host_1	C:\Users\Administrator>ping 99::99
	//对SW-1的回环接口IPv6地址99::99进行ping测试。
	正在 Ping 99::99 具有 32 字节的数据:
	来自 99::99 的回复: 时间<1ms
	来自 99::99 的回复: 时间=1ms
	来自 99::99 的回复: 时间=1ms
	来自 99::99 的回复: 时间<1ms
	
	99::99 的 Ping 统计信息:
	　数据包: 已发送 = 4, 已接收 = 4, 丢失 = 0 (0% 丢失),
	往返行程的估计时间(以 ms 为单位):
	　最短 = 0ms, 最长 = 1ms, 平均 = 0ms
	
	C:\Users\Administrator>ping 199::199
	//对SW-2的回环接口IPv6地址199::199进行ping测试。
	正在 Ping 199::199 具有 32 字节的数据:
	来自 199::199 的回复: 时间=2ms
	来自 199::199 的回复: 时间=2ms
	来自 199::199 的回复: 时间=2ms
	来自 199::199 的回复: 时间=2ms
	
	199::199 的 Ping 统计信息:
	　数据包: 已发送 = 4, 已接收 = 4, 丢失 = 0 (0% 丢失),
	往返行程的估计时间(以 ms 为单位):
	　最短 = 2ms, 最长 = 2ms, 平均 = 2ms

项目二: 探究 IPv6 OSPFv3 路由协议多区域综合应用

【项目简介】

实验环境在CISCO GNS3模拟器平台上搭建, 采用六台CISCO 3600系列路由器, 分别携带两个或者三个以太网接口模块。按照网络设备连接表对路由器以及相关接口进行连接, 按照数据规划表对相关设备以及相关接口进行IPv6地址配置。

IPv6网络互联路由协议采用OSPFv3。

骨干区域, 区域0 (或者区域0.0.0.0) 由R1、R2、R3互联的接口构成。

R1、R4互联网络模拟非骨干区域, 区域号为: 0.0.0.14。

R2、R5互联网络模拟totally stub区域, 区域号为: 0.0.0.25。

R3、R6互联网络分别模拟 stub 区域或者 NSSA 区域, 区域号为:

0.0.0.36。

通过对该实验的探究，目的在于充分地理解OSPFv3的骨干区域、非骨干区域存在的意义。

该实验的重点还在于探究OSPFv3四种特殊区域：stub、totally stub以及NSSA、Totally NSSA区域的应用场景以及它们之间的异同。

【任务分解】

（1）网络拓扑图

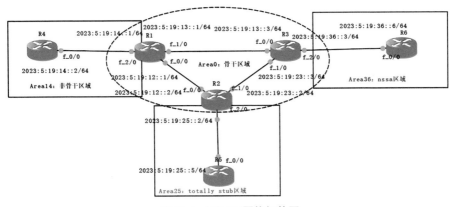

图11.2 项目二网络拓扑图

（2）网络设备连接表

表11.5 项目二网络设备连接表

网络设备名称	接口	网络设备名称	接口
R1	f_1/0	R3	f_0/0
R1	f_0/0	R2	f_0/0
R1	f_2/0	R4	f_0/0
R2	f_0/0	R1	f_0/0
R2	f_1/0	R3	f_1/0
R2	f_2/0	R5	f_0/0
R3	f_0/0	R1	f_1/0
R3	f_1/0	R2	f_1/0
R3	f_2/0	R6	f_0/0
R4	f_0/0	R1	f_2/0
R5	f_0/0	R2	f_2/0
R6	f_0/0	R3	f_2/0

（3）数据规划表

表 11.6　项目二数据规划表

网络设备名称	接口类型与编号	IPv6/ipv4 地址
R1	f_1/0	2023:5:19:13::1/64
R1	f_0/0	2023:5:19:12::1/64
R1	f_2/0	2023:5:19:14::1/64
R1	Loopback1	1::1/128
		1.1.1.1/32
R2	f_1/0	2023:5:19:23::2/64
R2	f_0/0	2023:5:19:12::2/64
R2	f_2/0	2023:5:19:25::2/64
R2	Loopback1	2::2/128
		2.2.2.2/32
R3	f_1/0	2023:5:19:23::3/64
R3	f_0/0	2023:5:19:13::3/64
R3	f_2/0	2023:5:19:36::3/64
R3	Loopback1	3::3/128
		3.3.3.3/32
R4	f_0/0	2023:5:19:14::2/64
R4	Loopback1	4::4/128
		4.4.4.4/32
R5	f_0/0	2023:5:19:25::5/64
R5	Loopback1	5::5/128
		5.5.5.5/32
R6	f_0/0	2023:5:19:36::6/64
R6	Loopback1	6::6/128
		6.6.6.6/32

（4）网络设备配置

表11.7   项目二网络设备配置

设备名称	相关配置
R1	hostname R1 ! ipv6 unicast-routing ! interface Loopback1 ip address 1.1.1.1 255.255.255.255 ipv6 address 1::1/128 ipv6 enable ipv6 ospf 1 area 0 #在OSPFv3进程1骨干区域中发布 ! interface FastEthernet0/0 ipv6 address 2023:5:19:12::1/64 ipv6 enable ipv6 ospf 1 area 0 #在OSPFv3进程1骨干区域中发布 ! interface FastEthernet1/0 ipv6 address 2023:5:19:13::1/64 ipv6 enable ipv6 ospf 1 area 0 #在OSPFv3进程1骨干区域中发布 ! interface FastEthernet2/0 ipv6 address 2023:5:19:14::1/64 ipv6 enable ipv6 ospf 1 area 14 #在OSPFv3进程1非骨干区域14中发布 ! ipv6 router 2025:5:19::/48 Null0 ipv6 router ospf 1 router-id 1.1.1.1 log-adjacency-changes redistribute static !
R2	hostname R2 ! ipv6 unicast-routing ! interface Loopback1 ip address 2.2.2.2 255.255.255.255 ipv6 address 2::2/64 ipv6 enable ipv6 ospf 1 area 0 #在OSPFv3进程1骨干区域中发布 !

续表

设备名称	相关配置
R2	interface FastEthernet0/0 ipv6 address 2023:5:19:12::2/64 ipv6 enable ipv6 ospf 1 area 0　　　　　#在OSPFv3进程1骨干区域中发布 ! interface FastEthernet1/0 ipv6 address 2023:5:19:23::2/64 ipv6 enable ipv6 ospf 1 area 0　　　　　#在OSPFv3进程1骨干区域中发布 ! interface FastEthernet2/0 ipv6 address 2023:5:19:25::2/64 ipv6 enable ipv6 ospf 1 area 25　　　　　#在OSPFv3进程1非骨干区域25中发布 ! ipv6 router ospf 1 router-id 2.2.2.2 log-adjacency-changes area 25 stub no-summary　　#将area 25定义为stub no-summary区域 !
R3	hostname R3 ! ipv6 unicast-routing ! interface Loopback1 ip address 3.3.3.3 255.255.255.255 ipv6 address 3::3/128 ipv6 enable ipv6 ospf 1 area 0　　　　　#在OSPFv3进程1骨干区域中发布 ! interface FastEthernet0/0 ipv6 address 2023:5:19:13::3/64 ipv6 enable ipv6 ospf 1 area 0　　　　　#在OSPFv3进程1骨干区域中发布 ! interface FastEthernet1/0 ipv6 address 2023:5:19:23::3/64 ipv6 enable ipv6 ospf 1 area 0　　　　　#在OSPFv3进程1骨干区域中发布 !

设备名称	相关配置

R3	interface FastEthernet2/0
	 ipv6 address 2023:5:19:36::3/64
	 ipv6 enable
	 ipv6 ospf 1 area 36
	 !
	ipv6 router ospf 1
	 router-id 3.3.3.3
	 log-adjacency-changes
	 area 36 stub #将area 36定义为stub区域
	 // area 36 nssa #将area 36定义为nssa区域
	 // area 36 nssa no-summary #将area 36定义为nssa no-summary区域

R4	hostname R4 ! ipv6 unicast-routing ! interface Loopback1 ip address 4.4.4.4 255.255.255.255 ipv6 address 4::4/128 ipv6 enable ipv6 ospf 1 area 14 #在OSPFv3进程1非骨干区域14中发布 ! interface FastEthernet0/0 ipv6 address 2023:5:19:14::2/64 ipv6 enable ipv6 ospf 1 area 14 #在OSPFv3进程1非骨干区域14中发布 ! ipv6 router ospf 1 router-id 4.4.4.4 log-adjacency-changes ! end
R5	hostname R5 ! ipv6 unicast-routing ! interface Loopback1 ip address 5.5.5.5 255.255.255.255 ipv6 address 5::5/128 ipv6 enable ipv6 ospf 1 area 25 #在OSPFv3进程1非骨干区域25中发布 !

续表

设备名称	相关配置
R5	interface FastEthernet0/0 　ipv6 address 2023:5:19:25::5/64 　ipv6 enable 　ipv6 ospf 1 area 25　　　　　#在 OSPFv3 进程 1 非骨干区域 25 中发布 ! ipv6 router ospf 1 　router-id 5.5.5.5 　log-adjacency-changes 　area 25 stub no-summary　　#将 area 25 定义为 stub no-summary 区域 ! end

R6	hostname R6
	!
	ipv6 unicast-routing
	!
	interface Loopback1
	　ip address 6.6.6.6 255.255.255.255
	　ipv6 address 6::6/128
	　ipv6 enable
	　ipv6 ospf 1 area 36
	!
	interface FastEthernet0/0
	　ipv6 address 2023:5:19:36::6/64
	　ipv6 enable
	　ipv6 ospf 1 area 36　　　　　#在 OSPFv3 进程 1 非骨干区域 36 中发布
	!
	ipv6 router ospf 1
	　router-id 6.6.6.6
	　log-adjacency-changes
	　area 36 stub　　　　　　　　#将 area 36 定义为 stub 区域
	　// area 36 nssa　　　　　　　#将 area 36 定义为 nssa 区域
	　// area 36 nssa no-summary　#将 area 36 定义为 nssa no-summary 区域
	!
	end

（5）验证测试1，查看IPv6接口简要信息

表11.8　项目二验证测试1

设备名称	IPv6接口简要信息
R1	R1#show ipv6 interface brief FastEthernet0/0　　　　[up/up] 　FE80::CE00:20FF:FEB0:0 　2023:5:19:12::1 FastEthernet1/0　　　　[up/up] 　FE80::CE00:20FF:FEB0:10 　2023:5:19:13::1 FastEthernet2/0　　　　[up/up] 　FE80::CE00:20FF:FEB0:20 　2023:5:19:14::1 Loopback1　　　　　　[up/up] 　FE80::CE00:20FF:FEB0:0 　1::1 R1#
R2	R2#show ipv6 interface brief FastEthernet0/0　　　　[up/up] 　FE80::CE01:20FF:FEB0:0 　2023:5:19:12::2 FastEthernet1/0　　　　[up/up] 　FE80::CE01:20FF:FEB0:10 　2023:5:19:23::2 FastEthernet2/0　　　　[up/up] 　FE80::CE01:20FF:FEB0:20 　2023:5:19:25::2 Loopback1　　　　　　[up/up] 　FE80::CE01:20FF:FEB0:0 　2::2 R2#
R3	R3#show ipv6 interface brief FastEthernet0/0　　　　[up/up] 　FE80::CE02:20FF:FEB0:0 　2023:5:19:13::3 FastEthernet1/0　　　　[up/up] 　FE80::CE02:20FF:FEB0:10 　2023:5:19:23::3 FastEthernet2/0　　　　[up/up] 　FE80::CE02:20FF:FEB0:20 　2023:5:19:36::3 Loopback1　　　　　　[up/up] 　FE80::CE02:20FF:FEB0:0 　3::3 R3#

续表

设备名称	IPv6接口简要信息

R4	R4#show ipv6 interface brief
	FastEthernet0/0 [up/up]
	  FE80::CE03:20FF:FEB0:0
	  2023:5:19:14::2
	Loopback1 [up/up]
	  FE80::CE03:20FF:FEB0:0
	  4::4
	R4#

R5	R5#show ipv6 interface brief
	FastEthernet0/0 [up/up]
	  FE80::CE04:2CFF:FEC4:0
	  2023:5:19:25::5
	Loopback1 [up/up]
	  FE80::CE04:2CFF:FEC4:0
	  5::5
	R5#

R6	R6#show ipv6 interface brief
	FastEthernet0/0 [up/up]
	  FE80::CE05:2CFF:FEC4:0
	  2023:5:19:36::6
	Loopback1 [up/up]
	  FE80::CE05:2CFF:FEC4:0
	  6::6
	R6#

（6）验证测试2，查看 IPv6 ospf 邻接关系

表11.9　项目二验证测试2

设备名称	IPv6 ospf 邻接关系
R1	R1#show ipv6 ospf neighbor Neighbor ID Pri State Dead Time Interface ID Interface 3.3.3.3 1 FULL/BDR 00:00:37 4 FastEthernet1/0 2.2.2.2 1 FULL/BDR 00:00:30 4 FastEthernet0/0 4.4.4.4 1 FULL/BDR 00:00:34 4 FastEthernet2/0 R1# //R1在OSPFv3进程1中，与骨干区域area0中的R2、R3形成邻接关系，与ar- ea14中的R4形成连接关系

续表

设备名称	IPv6 ospf 邻接关系
R2	R2#show ipv6 ospf neighbor Neighbor ID Pri State Dead Time Interface ID Interface 3.3.3.3 1 FULL/BDR 00:00:35 5 FastEthernet1/0 1.1.1.1 1 FULL/DR 00:00:35 4 FastEthernet0/0 5.5.5.5 1 FULL/DR 00:00:35 4 FastEthernet2/0 R2# //R2 在 OSPFv3 进程 1 中，与骨干区域 area0 中的 R1、R3 形成邻接关系，与 area25 中的 R5 形成连接关系
R3	R3#show ipv6 ospf neighbor Neighbor ID Pri State Dead Time Interface ID Interface 2.2.2.2 1 FULL/DR 00:00:32 5 FastEthernet1/0 1.1.1.1 1 FULL/DR 00:00:36 5 FastEthernet0/0 6.6.6.6 1 FULL/DR 00:00:34 4 FastEthernet2/0 R3# //R3 在 OSPFv3 进程 1 中，与骨干区域 area0 中的 R1、R2 形成邻接关系，与 area36 中的 R6 形成连接关系
R4	R4#show ipv6 ospf neighbor Neighbor ID Pri State Dead Time Interface ID Interface 1.1.1.1 1 FULL/DR 00:00:39 6 FastEthernet0/0 R4# //R4 在 OSPFv3 进程 1 中，与 area14 中的 R1 形成连接关系
R5	R5#show ipv6 ospf neighbor Neighbor ID Pri State Dead Time Interface ID Interface 2.2.2.2 1 FULL/BDR 00:00:31 6 FastEthernet0/0 R5# //R5 在 OSPFv3 进程 1 中，与 area25 中的 R2 形成连接关系
R6	R6#show ipv6 ospf neighbor Neighbor ID Pri State Dead Time Interface ID Interface 3.3.3.3 1 FULL/BDR 00:00:39 6 FastEthernet0/0 R6# //R6 在 OSPFv3 进程 1 中，与 area36 中的 3 形成连接关系

（7）验证测试3，查看并分析完整路由表

表11.10　项目二验证测试3

设备名称	IPv6路由表
R1	R1#show ipv6 route IPv6 Routing Table – 19 entries Codes: C – Connected, L – Local, S – Static, R – RIP, B – BGP 　　　U – Per–user Static route 　　　I1 – ISIS L1, I2 – ISIS L2, IA – ISIS interarea, IS – ISIS summary 　　　O – OSPF intra, OI – OSPF inter, OE1 – OSPF ext 1, OE2 – OSPF ext 2 　　　ON1 – OSPF NSSA ext 1, ON2 – OSPF NSSA ext 2 LC　1::1/128 [0/0] 　　　via ::, Loopback1 O　　2::2/128 [110/1] 　　　via FE80::CE01:20FF:FEB0:0, FastEthernet0/0 O　　3::3/128 [110/1] 　　　via FE80::CE02:20FF:FEB0:0, FastEthernet1/0 O　　4::4/128 [110/1] 　　　via FE80::CE03:20FF:FEB0:0, FastEthernet2/0 OI　5::5/128 [110/2] 　　　via FE80::CE01:20FF:FEB0:0, FastEthernet0/0 OI　6::6/128 [110/2] 　　　via FE80::CE02:20FF:FEB0:0, FastEthernet1/0 OE2　2023:5::/32 [110/20] 　　　via FE80::CE02:20FF:FEB0:0, FastEthernet1/0 C　　2023:5:19:12::/64 [0/0] 　　　via ::, FastEthernet0/0 L　　2023:5:19:12::1/128 [0/0] 　　　via ::, FastEthernet0/0 C　　2023:5:19:13::/64 [0/0] 　　　via ::, FastEthernet1/0 L　　2023:5:19:13::1/128 [0/0] 　　　via ::, FastEthernet1/0 C　　2023:5:19:14::/64 [0/0] 　　　via ::, FastEthernet2/0 L　　2023:5:19:14::1/128 [0/0] 　　　via ::, FastEthernet2/0 O　　2023:5:19:23::/64 [110/2] 　　　via FE80::CE01:20FF:FEB0:0, FastEthernet0/0 　　　via FE80::CE02:20FF:FEB0:0, FastEthernet1/0 OI　2023:5:19:25::/64 [110/2] 　　　via FE80::CE01:20FF:FEB0:0, FastEthernet0/0

续表

设备名称	IPv6路由表

R1	OI 2023:5:19:36::/64 [110/2]
	      via FE80::CE02:20FF:FEB0:0, FastEthernet1/0
	S 2025:5:19::/48 [1/0]
	      via ::, Null0
	L FE80::/10 [0/0]
	      via ::, Null0
	L FF00::/8 [0/0]
	      via ::, Null0
	R1#
	//R1 的路由表中，有域内路由学习到 R2、R3 的回环接口 IPv6 地址和域间路由学习到 R4、R5、R6 的回环接口 IPv6 地址，以及以外部路由 OE2 类型学习到由 R3 发布进来的静态路由条目 2023:5::/32

R2	R2#show ipv6 route
	IPv6 Routing Table - 20 entries
	Codes: C - Connected, L - Local, S - Static, R - RIP, B - BGP
	       U - Per-user Static route
	       I1 - ISIS L1, I2 - ISIS L2, IA - ISIS interarea, IS - ISIS summary
	       O - OSPF intra, OI - OSPF inter, OE1 - OSPF ext 1, OE2 - OSPF ext 2
	       ON1 - OSPF NSSA ext 1, ON2 - OSPF NSSA ext 2
	O 1::1/128 [110/1]
	      via FE80::CE00:20FF:FEB0:0, FastEthernet0/0
	C 2::/64 [0/0]
	      via ::, Loopback1
	L 2::2/128 [0/0]
	      via ::, Loopback1
	O 3::3/128 [110/1]
	      via FE80::CE02:20FF:FEB0:10, FastEthernet1/0
	OI 4::4/128 [110/2]
	      via FE80::CE00:20FF:FEB0:0, FastEthernet0/0
	O 5::5/128 [110/1]
	      via FE80::CE04:2CFF:FEC4:0, FastEthernet2/0
	OI 6::6/128 [110/2]
	      via FE80::CE02:20FF:FEB0:10, FastEthernet1/0
	OE2 2023:5::/32 [110/20]
	      via FE80::CE02:20FF:FEB0:10, FastEthernet1/0
	C 2023:5:19:12::/64 [0/0]
	      via ::, FastEthernet0/0
	L 2023:5:19:12::2/128 [0/0]
	      via ::, FastEthernet0/0
	O 2023:5:19:13::/64 [110/2]
	      via FE80::CE00:20FF:FEB0:0, FastEthernet0/0
	      via FE80::CE02:20FF:FEB0:10, FastEthernet1/0

续表

设备名称	IPv6路由表
R2	OI 2023:5:19:14::/64 [110/2] 　　via FE80::CE00:20FF:FEB0:0, FastEthernet0/0 C　2023:5:19:23::/64 [0/0] 　　via ::, FastEthernet1/0 L　2023:5:19:23::2/128 [0/0] 　　via ::, FastEthernet1/0 C　2023:5:19:25::/64 [0/0] 　　via ::, FastEthernet2/0 L　2023:5:19:25::2/128 [0/0] 　　via ::, FastEthernet2/0 OI 2023:5:19:36::/64 [110/2] 　　via FE80::CE02:20FF:FEB0:10, FastEthernet1/0 OE2 2025:5:19::/48 [110/20] 　　via FE80::CE00:20FF:FEB0:0, FastEthernet0/0 L　FE80::/10 [0/0] 　　via ::, Null0 L　FF00::/8 [0/0] 　　via ::, Null0 R2# //R2 的路由表中，有域内路由学习到 R1、R3 的回环接口 IPv6 地址和域间路由学习到 R4、R5、R6 的回环接口 IPv6 地址，以及以外部路由 OE2 类型学习到由 R3 发布进来的静态路由条目 2023:5::/32，还有 R1 发布进来的静态路由条目：2025:5:19::/48
R3	R3#show ipv6 route IPv6 Routing Table – 19 entries Codes: C – Connected, L – Local, S – Static, R – RIP, B – BGP 　　　U – Per–user Static route 　　　I1 – ISIS L1, I2 – ISIS L2, IA – ISIS interarea, IS – ISIS summary 　　　O – OSPF intra, OI – OSPF inter, OE1 – OSPF ext 1, OE2 – OSPF ext 2 　　　ON1 – OSPF NSSA ext 1, ON2 – OSPF NSSA ext 2 O　1::1/128 [110/1] 　　via FE80::CE00:20FF:FEB0:10, FastEthernet0/0 O　2::2/128 [110/1] 　　via FE80::CE01:20FF:FEB0:10, FastEthernet1/0 LC 3::3/128 [0/0] 　　via ::, Loopback1 OI 4::4/128 [110/2] 　　via FE80::CE00:20FF:FEB0:10, FastEthernet0/0 OI 5::5/128 [110/2] 　　via FE80::CE01:20FF:FEB0:10, FastEthernet1/0 O　6::6/128 [110/1] 　　via FE80::CE05:2CFF:FEC4:0, FastEthernet2/0

续表

设备名称	IPv6路由表
R3	S　2023:5::/32 [1/0] 　　via ::, Null0 O　2023:5:19:12::/64 [110/2] 　　via FE80::CE00:20FF:FEB0:10, FastEthernet0/0 　　via FE80::CE01:20FF:FEB0:10, FastEthernet1/0 C　2023:5:19:13::/64 [0/0] 　　via ::, FastEthernet0/0 L　2023:5:19:13::3/128 [0/0] 　　via ::, FastEthernet0/0 OI　2023:5:19:14::/64 [110/2] 　　via FE80::CE00:20FF:FEB0:10, FastEthernet0/0 C　2023:5:19:23::/64 [0/0] 　　via ::, FastEthernet1/0 L　2023:5:19:23::3/128 [0/0] 　　via ::, FastEthernet1/0 OI　2023:5:19:25::/64 [110/2] 　　via FE80::CE01:20FF:FEB0:10, FastEthernet1/0 C　2023:5:19:36::/64 [0/0] 　　via ::, FastEthernet2/0 L　2023:5:19:36::3/128 [0/0] 　　via ::, FastEthernet2/0 OE2　2025:5:19::/48 [110/20] 　　via FE80::CE00:20FF:FEB0:10, FastEthernet0/0 L　FE80::/10 [0/0] 　　via ::, Null0 L　FF00::/8 [0/0] 　　via ::, Null0 R3# //R3 的路由表中，有域内路由学习到 R1、R2 的回环接口 IPv6 地址和域间路由学习到 R4、R5、R6 的回环接口 IPv6 地址，以及以外部路由 OE2 类型学习到由 R1 发布进来的静态路由条目：2025:5:19::/48
R4	R4#show ipv6 route IPv6 Routing Table − 17 entries Codes: C − Connected, L − Local, S − Static, R − RIP, B − BGP 　　　U − Per−user Static route 　　　I1 − ISIS L1, I2 − ISIS L2, IA − ISIS interarea, IS − ISIS summary 　　　O − OSPF intra, OI − OSPF inter, OE1 − OSPF ext 1, OE2 − OSPF ext 2 　　　ON1 − OSPF NSSA ext 1, ON2 − OSPF NSSA ext 2 OI　1::1/128 [110/1] 　　via FE80::CE00:20FF:FEB0:20, FastEthernet0/0 OI　2::2/128 [110/2] 　　via FE80::CE00:20FF:FEB0:20, FastEthernet0/0

续表

设备名称	IPv6路由表
R4	OI 3::3/128 [110/2] 　　via FE80::CE00:20FF:FEB0:20, FastEthernet0/0 LC 4::4/128 [0/0] 　　via ::, Loopback1 OI 5::5/128 [110/3] 　　via FE80::CE00:20FF:FEB0:20, FastEthernet0/0 OI 6::6/128 [110/3] 　　via FE80::CE00:20FF:FEB0:20, FastEthernet0/0 OE2 2023:5::/32 [110/20] 　　via FE80::CE00:20FF:FEB0:20, FastEthernet0/0 OI 2023:5:19:12::/64 [110/2] 　　via FE80::CE00:20FF:FEB0:20, FastEthernet0/0 OI 2023:5:19:13::/64 [110/2] 　　via FE80::CE00:20FF:FEB0:20, FastEthernet0/0 C 2023:5:19:14::/64 [0/0] 　　via ::, FastEthernet0/0 L 2023:5:19:14::2/128 [0/0] 　　via ::, FastEthernet0/0 OI 2023:5:19:23::/64 [110/3] 　　via FE80::CE00:20FF:FEB0:20, FastEthernet0/0 OI 2023:5:19:25::/64 [110/3] 　　via FE80::CE00:20FF:FEB0:20, FastEthernet0/0 OI 2023:5:19:36::/64 [110/3] 　　via FE80::CE00:20FF:FEB0:20, FastEthernet0/0 OE2 2025:5:19::/48 [110/20] 　　via FE80::CE00:20FF:FEB0:20, FastEthernet0/0 L FE80::/10 [0/0] 　　via ::, Null0 L FF00::/8 [0/0] 　　via ::, Null0 R4# //R4的路由表中, 有域间路由学习到R1、R2、R3、R5、R6的回环接口IPv6地址, 以及以外部路由OE2类型学习到由R3发布进来的静态路由条目2023:5::/32, 还有R1发布进来的静态路由条目: 2025:5:19::/48
R5	R5#show ipv6 route IPv6 Routing Table − 6 entries Codes: C − Connected, L − Local, S − Static, R − RIP, B − BGP 　　　U − Per−user Static route 　　　I1 − ISIS L1, I2 − ISIS L2, IA − ISIS interarea, IS − ISIS summary 　　　O − OSPF intra, OI − OSPF inter, OE1 − OSPF ext 1, OE2 − OSPF ext 2 　　　ON1 − OSPF NSSA ext 1, ON2 − OSPF NSSA ext 2

续表

设备名称	IPv6路由表
R5	OI ::/0 [110/2] 　　via FE80::CE01:20FF:FEB0:20, FastEthernet0/0 LC 5::5/128 [0/0] 　　via ::, Loopback1 C 2023:5:19:25::/64 [0/0] 　　via ::, FastEthernet0/0 L 2023:5:19:25::5/128 [0/0] 　　via ::, FastEthernet0/0 L FE80::/10 [0/0] 　　via ::, Null0 L FF00::/8 [0/0] 　　via ::, Null0 R5# //R5位于totally stub内，因为该区域隔绝5类和4类LSA，区域存在3类LSA，主要用来通告缺省路由，有区域内存在1类LSA，可能有2类LSA。 ::/0这条缺省路由，由域间路由通告，也即是3类LSA
R6	R6#show ipv6 route IPv6 Routing Table - 17 entries Codes: C - Connected, L - Local, S - Static, R - RIP, B - BGP 　　　U - Per-user Static route 　　　I1 - ISIS L1, I2 - ISIS L2, IA - ISIS interarea, IS - ISIS summary 　　　O - OSPF intra, OI - OSPF inter, OE1 - OSPF ext 1, OE2 - OSPF ext 2 　　　ON1 - OSPF NSSA ext 1, ON2 - OSPF NSSA ext 2 OI ::/0 [110/2] 　　via FE80::CE02:20FF:FEB0:20, FastEthernet0/0 OI 1::1/128 [110/2] 　　via FE80::CE02:20FF:FEB0:20, FastEthernet0/0 OI 2::2/128 [110/2] 　　via FE80::CE02:20FF:FEB0:20, FastEthernet0/0 OI 3::3/128 [110/1] 　　via FE80::CE02:20FF:FEB0:20, FastEthernet0/0 OI 4::4/128 [110/3] 　　via FE80::CE02:20FF:FEB0:20, FastEthernet0/0 OI 5::5/128 [110/3] 　　via FE80::CE02:20FF:FEB0:20, FastEthernet0/0 LC 6::6/128 [0/0] 　　via ::, Loopback1 OI 2023:5:19:12::/64 [110/3] 　　via FE80::CE02:20FF:FEB0:20, FastEthernet0/0 OI 2023:5:19:13::/64 [110/2] 　　via FE80::CE02:20FF:FEB0:20, FastEthernet0/0

设备名称	IPv6路由表
	OI　2023:5:19:14::/64 [110/3] 　　　via FE80::CE02:20FF:FEB0:20, FastEthernet0/0 OI　2023:5:19:23::/64 [110/2] 　　　via FE80::CE02:20FF:FEB0:20, FastEthernet0/0 OI　2023:5:19:25::/64 [110/3] 　　　via FE80::CE02:20FF:FEB0:20, FastEthernet0/0 C　 2023:5:19:36::/64 [0/0] 　　　via ::, FastEthernet0/0 L　 2023:5:19:36::6/128 [0/0] 　　　via ::, FastEthernet0/0 S　 48C0::/16 [1/0] 　　　via ::, Null0 L　 FE80::/10 [0/0] 　　　via ::, Null0 L　 FF00::/8 [0/0] 　　　via ::, Null0 R6#
R6	//R6位于stub区域内，因为区域隔绝5类和4类LSA，区域存在3类LSA，主要用来通告缺省路由以及普通网络汇总LSA，区域内存在1类LSA，可能有2类LSA。 R6的路由表以域间路由OI的类型学习到其余路由器的IPv6回环接口地址以及路由器互联链路的IPv6前缀，同时还学习到一条缺省路由::/0
	R6#show ipv6 route IPv6 Routing Table – 18 entries Codes: C – Connected, L – Local, S – Static, R – RIP, B – BGP 　　　 U – Per-user Static route 　　　 I1 – ISIS L1, I2 – ISIS L2, IA – ISIS interarea, IS – ISIS summary 　　　 O – OSPF intra, OI – OSPF inter, OE1 – OSPF ext 1, OE2 – OSPF ext 2 　　　 ON1 – OSPF NSSA ext 1, ON2 – OSPF NSSA ext 2 ON2　::/0 [110/1] 　　　via FE80::CE02:20FF:FEB0:20, FastEthernet0/0 OI　1::1/128 [110/2] 　　　via FE80::CE02:20FF:FEB0:20, FastEthernet0/0 OI　2::2/128 [110/2] 　　　via FE80::CE02:20FF:FEB0:20, FastEthernet0/0 OI　3::3/128 [110/1] 　　　via FE80::CE02:20FF:FEB0:20, FastEthernet0/0 OI　4::4/128 [110/3] 　　　via FE80::CE02:20FF:FEB0:20, FastEthernet0/0 OI　5::5/128 [110/3] 　　　via FE80::CE02:20FF:FEB0:20, FastEthernet0/0

设备名称	IPv6路由表

R6	LC 6::6/128 [0/0]
	    via ::, Loopback1
	ON2 2023:5::/32 [110/20]
	    via FE80::CE02:20FF:FEB0:20, FastEthernet0/0
	OI 2023:5:19:12::/64 [110/3]
	    via FE80::CE02:20FF:FEB0:20, FastEthernet0/0
	OI 2023:5:19:13::/64 [110/2]
	    via FE80::CE02:20FF:FEB0:20, FastEthernet0/0
	OI 2023:5:19:14::/64 [110/3]
	    via FE80::CE02:20FF:FEB0:20, FastEthernet0/0
	OI 2023:5:19:23::/64 [110/2]
	    via FE80::CE02:20FF:FEB0:20, FastEthernet0/0
	OI 2023:5:19:25::/64 [110/3]
	    via FE80::CE02:20FF:FEB0:20, FastEthernet0/0
	C 2023:5:19:36::/64 [0/0]
	    via ::, FastEthernet0/0
	L 2023:5:19:36::6/128 [0/0]
	    via ::, FastEthernet0/0
	S 48C0::/16 [1/0]
	    via ::, Null0
	L FE80::/10 [0/0]
	    via ::, Null0
	L FF00::/8 [0/0]
	    via ::, Null0
	R6#
	ON2 2023:5::/32 [110/20]
	    via FE80::CE02:20FF:FEB0:20, FastEthernet0/0
	//R6 位于 NSSA 区域，因为 NSSA 区域隔绝 5 类和 4 类 LSA，区域存在 3 类 LSA，主要用来通告缺省路由以及普通网络汇总 LSA，区域内存在 1 类 LSA，可能有 2 类 LSA，比较特殊的是，区域内有 7 类 LSA。
	因此，R6 以 OI 路由类型学习其他区域的路由条目，值得注意的是，R6 以 ON2 类型学习到 R3 发布进来的静态路由条目：2023:5::/32

	R6#show ipv6 route
	IPv6 Routing Table - 8 entries
	Codes: C - Connected, L - Local, S - Static, R - RIP, B - BGP
	    U - Per-user Static route
	    I1 - ISIS L1, I2 - ISIS L2, IA - ISIS interarea, IS - ISIS summary
	    O - OSPF intra, OI - OSPF inter, OE1 - OSPF ext 1, OE2 - OSPF ext 2
	    ON1 - OSPF NSSA ext 1, ON2 - OSPF NSSA ext 2
	OI ::/0 [110/2]
	    via FE80::CE02:20FF:FEB0:20, FastEthernet0/0

续表

设备名称	IPv6路由表

R6	LC 6::6/128 [0/0]
	    via ::, Loopback1
	ON2 2023:5::/32 [110/20]
	    via FE80::CE02:20FF:FEB0:20, FastEthernet0/0
	C 2023:5:19:36::/64 [0/0]
	    via ::, FastEthernet0/0
	L 2023:5:19:36::6/128 [0/0]
	    via ::, FastEthernet0/0
	S 48C0::/16 [1/0]
	    via ::, Null0
	L FE80::/10 [0/0]
	    via ::, Null0
	L FF00::/8 [0/0]
	    via ::, Null0
	R6#
	//R6位于 Totally NSSA 区域内，相较于 NSSA 区域，Totally NSSA 区域内不允许存在3类明细，故需要生成一条默认的3类默认路由。
	完全NSSA区域内不存在3、4、5类明细，但会存在3类默认路由、7类默认路由。
	完全NSSA区域仍可以继续引入外部路由发布给OSPF的其他区域。
	简略特点：拒绝3、4、5类，生成3类默认路由、7类默认路由，仍可引入外部路由。
	R6以OI路由类型学习到一条缺省路由 ::/0，以ON2类型学习到R3发布进来的静态路由条目：2023:5::/32

第12章　RIPNG

12.1　背景知识

12.1.1　RIPNG简介

下一代RIP协议（RIP next generation，RIPNG）是对原来的IPv4网络中RIP-2协议的扩展。大多数RIP的概念都可以用于RIPNG。

为了在IPv6网络中应用，RIPNG对原有的RIP协议进行了如下修改：

① UDP端口号：使用UDP的521端口发送和接收路由信息。

② 组播地址：使用FF02::9作为链路本地范围内的RIPNG路由器组播地址。

③ 前缀长度：目的地址使用128 bit的前缀长度。

④ 下一跳地址：使用128 bit的IPv6地址。

⑤ 源地址：使用链路本地地址FE80::/10作为源地址发送RIPNG路由信息更新报文。

12.1.2　RIPNG工作机制

RIPNG协议是基于距离矢量（Distance-Vector）算法的协议。它通过UDP报文交换路由信息，使用的端口号为521。

RIPNG使用跳数来衡量到达目的地址的距离（也称为度量值或开销）。在RIPNG中，从一个路由器到其直连网络的跳数为0，通过与其相连的路由器到达另一个网络的跳数为1，其余以此类推。当跳数大于或等于16时，目的网络或主机就被定义为不可达。

RIPNG每30秒发送一次路由更新报文。如果在180秒内没有收到网络邻居的路由更新报文，RIPNG将从邻居学到的所有路由标识为不可达。如果再过120秒内仍没有收到邻居的路由更新报文，RIPNG将从路由表中删除这些路由。

为了提高性能并避免形成路由环路，RIPNG既支持水平分割也支持毒性逆转。此外，RIPNG还可以从其他的路由协议引入路由。

每个运行RIPNG的路由器都管理一个路由数据库，该路由数据库包含了到所有可达目的地的路由项，这些路由项包含下列信息：

① 目的地址：主机或网络的IPv6地址。

② 下一跳地址：为到达目的地，需要经过的相邻路由器的接口IPv6地址。

③ 出接口：转发IPv6报文通过的出接口。

④ 度量值：本路由器到达目的地的开销。

⑤ 路由时间：从路由项最后一次被更新到现在所经过的时间，路由项每次被更新时，路由时间重置为0。

⑥ 路由标记（Route Tag）：用于标识外部路由，以便在路由策略中根据Tag对路由进行灵活的控制。关于路由策略的详细信息，请参见"三层技术–IP路由配置指导"中的"路由策略"。

12.1.3　RIPNG报文

RIPNG有两种报文：Request报文和Response报文。

当RIPNG路由器启动后或者需要更新部分路由表项时，便会发出Request报文，向邻居请求需要的路由信息。通常情况下以组播方式发送Request报文。

Response报文包含本地路由表的信息，一般在下列情况下产生：

① 对某个Request报文进行响应。

② 作为更新报文周期性地发出。

③ 在路由发生变化时触发更新。

收到Request报文的RIPNG路由器会以Response报文形式发回给请求路由器。

收到Response报文的路由器会更新自己的RIPNG路由表。为了保证路由的准确性，RIPNG路由器会对收到的Response报文进行有效性检查，比如源IPv6地址是否是链路本地地址，端口号是否正确等，没有通过检查的报文会被忽略。

12.2 细分知识

12.2.1 RIPNG 的防环机制

1.水平分割（Split Horizon）

水平分割的原理是，RIPNG 从某个接口学到的路由，不会从该接口再发回给邻居设备。这样不但防止路由循环，还可以减少带宽消耗。

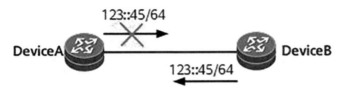

图 12.1　水平分割原理图

如图 12.1 所示 DeviceB 发过来的到网络 123::45/64 的路由到 DeviceA 上后，DeviceA 不会再把到网络 123::45/64 的路由发回给 DeviceB。

2.毒性逆转（Poison Reverse）

毒性逆转的原理是，RIPNG 从某个接口学到的路由，将该路由的开销设置为 16（即指明该路由不可达），并从原接口发回邻居设备。通过这种方式，可以清除对方路由表中的无用路由。

RIPNG 毒性逆转也是为了防止产生路由环路。

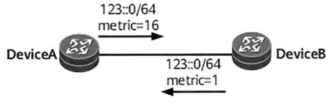

图 12.2　毒性逆转原理图

如图 12.2 所示，在不配置水平分割的情况下，DeviceB 会向 DeviceA 发送从 DeviceA 学到的路由。DeviceA 到网络 123::0/64 的路由开销为 1，如果 DeviceA 到网络 123::0/64 的路由变成不可达，同时 DeviceB 没有收到 DeviceA 的更新报文，而继续向 DeviceA 发送到网络 123::0/64 的路由信息，则会导致路由环路。

如果DeviceA在接收到从DeviceB发来的路由后，向DeviceB发送一个这条路由不可达的消息，这样DeviceB就不会再从DeviceA学到这条可达路由，因此就可以避免上述环路的发生。

如果毒性逆转和水平分割都配置了，简单的水平分割行为（从某接口学到的路由再从这个接口发布时将被抑制）会被毒性逆转行为代替。

12.2.2 RIPNG的改进机制

1.触发更新

触发更新是指路由信息发生变化时，立即向邻居设备发送触发更新报文，通知变化的路由信息。

触发更新缩短了收敛时间，触发更新可以缩短网络收敛时间，在路由表项发生变化时立即向其他设备广播该信息，而不必等待定时更新。

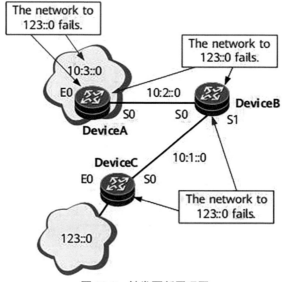

图12.3　触发更新原理图

如图12.3所示，网络123::0不可达时，DeviceC最先得到这一信息。通常，更新路由信息会定时发送给相邻Device。例如，RIPNG协议每隔30秒发送一次。但如果在DeviceC等待更新周期到来的时候，DeviceB的更新报文传到了DeviceC，DeviceC就会学到DeviceB的去往网络123::0的错误路由。这样DeviceB和C上去往网络123::0的路由都指向对方从而形成路由环路。如果

DeviceC发现网络故障之后，不再等待更新周期到来，就立即发送路由更新信息给设备B，使设备B的路由表及时更新，则可以避免产生上述问题。

触发更新还存在另外一种方式：当下一跳不可用之后（如因为链路故障）需要及时通告给其他路由器，此时要把该路由的cost设置为16然后发布出去，此更新也叫作路由毒杀。

2. 路由聚合

（1）产生原因

在大规模网络中，RIPNG路由表的条目过多，不仅会占用系统资源，另外如果某IP地址范围内的链路频繁up和Down也会导致路由振荡。

RIPNG路由聚合通过将多条同一个自然网段内的不同子网的路由在向其他网段发送时聚合成一个网段的路由发送，并只对外通告聚合后的路由，有效减少路由表中的条目，减少对系统资源的占用，同时也避免网络中的路由振荡。

（2）实现过程

RIPNG的路由聚合是在接口上实现的，在指定RIPNG接口上配置路由聚合功能后，该接口发布出去的路由会按最长匹配原则聚合后发布出去，并且，聚合后的路由的度量值取原多条路由中最小值。

例如，RIPNG要从某接口发布出去的路由有两条：11:11:11::24 Metric=2和11:11:12::34 Metric=3，接口配置路由聚合功能后，得到的聚合路由为11::0/16，则最终发布出去的路由为11::0/16 Metric=2。

3. 多进程和多实例

为了方便管理，提高控制效率，RIPNG支持多进程和多实例特性。多进程允许为一个指定的RIPNG进程关联一组接口，从而保证该进程进行的所有协议操作都仅限于这一组接口。这样，就可以实现一台设备有多个RIPNG协议进程，每个进程负责唯一的一组接口。而且每个RIPNG进程的路由数据也是相互独立的，但进程之间可以相互引入路由。

对于支持VPN的设备，每个RIPNG进程都与一个指定的VPN实例相关联。这样，所有附加到该进程的接口都应与该进程相关联的VPN实例相关联。

12.3　项目部署与任务分解

项目一：探究IPv6 RIPNG协议的基本应用

【项目简介】

结合组网图和功能与要求表理解项目需求，在IPv6三层互联上，通过vlan三层接口互联，在IPv6网络互联上，采用RIPNG路由协议使得IPv6网络得以互联互通。在路由条目控制方面，采用RIPNG路由过滤技术，对入方向路由条目以及出方向路由条目进行精确控制，实现项目需求。根据图12.4和表12.1详细内容对项目解读。

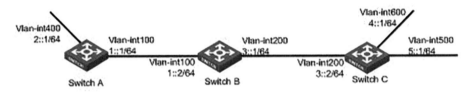

图12.4　RIPNG基本功能配置组网图

表12.1　功能与要求表

功能点	具体要求
三层互联	Switch A、Switch B和Switch C通过VLAN三层接口互联
RIPNG协议	在Switch A、B、C上配置RIPNG路由协议学习网络中的IPv6路由信息
入方向路由过滤	在Switch B上对接收到的Switch A的路由(2::/64)进行过滤，使其不加入到Switch B的RIPNG进程的路由表中
出方向路由过滤	在Switch B上配置发布给Switch A的路由只有(4::/64)

【任务分解】

（1）配置步骤

➢　配置各接口的IPv6地址（略）

➢　配置RIPNG的基本功能

配置Switch A。

<SwitchA> system-view

[SwitchA] ripng 1

[SwitchA-ripng-1] quit

[SwitchA] interface vlan−interface 100

[SwitchA−Vlan−interface100] ripng 1 enable

[SwitchA−Vlan−interface100] quit

[SwitchA] interface vlan−interface 400

[SwitchA−Vlan−interface400] ripng 1 enable

[SwitchA−Vlan−interface400] quit

配置 Switch B。

<SwitchB> system−view

[SwitchB] ripng 1

[SwitchB−ripng−1] quit

[SwitchB] interface vlan−interface 200

[SwitchB−Vlan−interface200] ripng 1 enable

[SwitchB−Vlan−interface200] quit

[SwitchB] interface vlan−interface 100

[SwitchB−Vlan−interface100] ripng 1 enable

[SwitchB−Vlan−interface100] quit

配置 Switch C。

<SwitchC> system−view

[SwitchC] ripng 1

[SwitchC−ripng−1] quit

[SwitchC] interface vlan−interface 200

[SwitchC−Vlan−interface200] ripng 1 enable

[SwitchC−Vlan−interface200] quit

[SwitchC] interface vlan−interface 500

[SwitchC−Vlan−interface500] ripng 1 enable

[SwitchC−Vlan−interface500] quit

[SwitchC] interface vlan−interface 600

[SwitchC−Vlan−interface600] ripng 1 enable

[SwitchC-Vlan-interface600] quit

（2）查看路由表

查看 Switch B 的 RIPNG 路由表。

[SwitchB] display ripng 1 route

　　Route Flags: A - Aging, S - Suppressed, G - Garbage-collect

　　　　　　　　O - Optimal, F - Flush to RIB

　　Peer FE80::20F:E2FF:FE23:82F5 on Vlan-interface100

　　Destination 1::/64,

　　　　via FE80::20F:E2FF:FE23:82F5, cost 1, tag 0, AOF, 6 secs

　　Destination 2::/64,

　　　　via FE80::20F:E2FF:FE23:82F5, cost 1, tag 0, AOF, 6 secs

　　Peer FE80::20F:E2FF:FE00:100? on Vlan-interface200

　　Destination 3::/64,

　　　　via FE80::20F:E2FF:FE00:100, cost 1, tag 0, AOF, 11 secs

　　Destination 4::/64,

　　　　via FE80::20F:E2FF:FE00:100, cost 1, tag 0, AOF, 11 secs

　　Destination 5::/64,

　　　　via FE80::20F:E2FF:FE00:100, cost 1, tag 0, AOF, 11 secs

查看 Switch A 的 RIPNG 路由表。

[SwitchA] display ripng 1 route

　　Route Flags: A - Aging, S - Suppressed, G - Garbage-collect

　　　　　　　　O - Optimal, F - Flush to RIB

　　Peer FE80::200:2FF:FE64:8904 on Vlan-interface100

Destination 1::/64,

    via FE80::200:2FF:FE64:8904, cost 1, tag 0, AOF, 31 secs

Destination 3::/64,

    via FE80::200:2FF:FE64:8904, cost 1, tag 0, AOF, 31 secs

Destination 4::/64,

    via FE80::200:2FF:FE64:8904, cost 2, tag 0, AOF, 31 secs

Destination 5::/64,

    via FE80::200:2FF:FE64:8904, cost 2, tag 0, AOF, 31 secs

（3）配置路由过滤

配置Switch B对接收和发布的路由进行过滤。

[SwitchB] ipv6 prefix-list aaa permit 4:: 64

[SwitchB] ipv6 prefix-list bbb deny 2:: 64

[SwitchB] ipv6 prefix-list bbb permit :: 0 less-equal 128

[SwitchB] ripng 1

[SwitchB-ripng-1] filter-policy prefix-list aaa export

[SwitchB-ripng-1] filter-policy prefix-list bbb import

[SwitchB-ripng-1] quit

查看Switch B和Switch A的RIPNG路由表。

[SwitchB] display ripng 1 route

   Route Flags: A - Aging, S - Suppressed, G - Garbage-collect

        O - Optimal, F - Flush to RIB

————————————————

 Peer FE80::1:100 on Vlan-interface100

Destination 1::/64,

    via FE80::2:100, cost 1, tag 0, AOF, 6 secs

 Peer FE80::3:200 on Vlan-interface200

Destination 3::/64,

via FE80::2:200, cost 1, tag 0, AOF, 11 secs

Destination 4::/64,

via FE80::2:200, cost 1, tag 0, AOF, 11 secs

Destination 5::/64,

via FE80::2:200, cost 1, tag 0, AOF, 11 secs

[SwitchA] display ripng 1 route

Route Flags: A – Aging, S – Suppressed, G – Garbage-collect

O – Optimal, F – Flush to RIB

Peer FE80::2:100 on Vlan-interface100

Destination 4::/64,

via FE80::1:100, cost 2, tag 0, AOF, 2 secs

项目二：探究 IPv6 RIPNG 协议的基本原理

【项目简介】

实验环境在 CISCO GNS3 模拟器平台上实现，采用三台 CISCO 3600 系列路由器，分别携带两个或者三个以太网接口模块，按照网络设备连接表对路由器以及相关接口进行连接。按照数据规划表中的接口以及相关的 IPv6 地址，完成对相关设备以及相关接口的 IPv6 地址配置。

本实验主要探究 IPv6 RIPNG 协议的基本原理：

① RIPNG 工作机制。

② RIPNG 链路负载均衡。

③ 水平分割（Split Horizon）。

④ 毒性逆转（Poison Reverse）。

⑤ 路由聚合（Summary Address）。

【任务分解】

（1）网络拓扑图

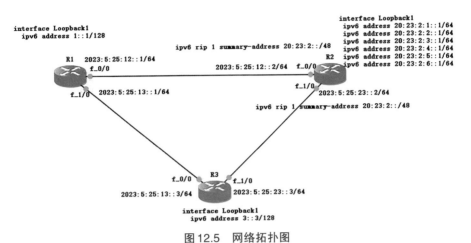

图12.5 网络拓扑图

（2）网络设备连接表

表12.2 网络设备连接表

网络设备名称	接口	网络设备名称	接口
R1	F_0/0	R2	F_0/0
R1	F_1/0	R3	F_0/0
R2	F_0/0	R1	F_0/0
R2	F_1/0	R3	F_1/0
R3	F_0/0	R1	F_1/0
R3	F_1/0	R2	F_1/0

（3）数据规划表

表12.3 数据规划表

网络设备名称	接口类型与编号	IPv6地址
R1	F_0/0	2023:5:25:12::1/64
	F_1/0	2023:5:25:13::1/64
	Loopback1	1::1/128
R2	F_0/0	2023:5:25:12::2/64
	F_1/0	2023:5:25:23::2/64
	Loopback1	20:23:2:1::1/64
		20:23:2:2::1/64
		20:23:2:3::1/64
		20:23:2:4::1/64
		20:23:2:5::1/64
		20:23:2:6::1/64

续表

网络设备名称	接口类型与编号	IPv6地址
	F_0/0	2023:5:25:13::3/64
R3	F_1/0	2023:5:25:23::3/64
	Loopback1	3::3/128

（4）网络设备配置

表12.4 网络设备配置

设备名称	相关配置
R1	R1# hostname R1 ! ipv6 unicast-routing ! interface FastEthernet0/0 ipv6 address 2023:5:25:12::1/64 ipv6 enable ipv6 rip 1 enable ! interface FastEthernet1/0 ipv6 address 2023:5:25:13::1/64 ipv6 enable ipv6 rip 1 enable ! ! ipv6 router rip 1 ! R1# 定义RIPNG进程名称为1，并在相关接口将RIPNG进程1引入
R2	R2# hostname R2 ! ipv6 unicast-routing ! interface Loopback1 no ip address ipv6 address 20:23:2:1::1/64 ipv6 address 20:23:2:2::1/64 ipv6 address 20:23:2:3::1/64 ipv6 address 20:23:2:4::1/64 ipv6 address 20:23:2:5::1/64 ipv6 address 20:23:2:6::1/64 ipv6 enable

设备名称	相关配置
R2	ipv6 rip 1 enable ! interface FastEthernet0/0 ipv6 address 2023:5:25:12::2/64 ipv6 enable ipv6 rip 1 enable ! interface FastEthernet1/0 ipv6 address 2023:5:25:23::2/64 ipv6 enable ipv6 rip 1 enable ! ipv6 router rip 1 ! end R2# 定义RIPNG进程名称为1，并在相关接口将RIPNG进程1引入
R3	R3# ! hostname R3 ! ipv6 unicast−routing ! interface Loopback1 no ip address ipv6 address 3::3/128 ipv6 enable ipv6 rip 1 enable ! interface FastEthernet0/0 ipv6 address 2023:5:25:13::3/64 ipv6 enable ipv6 rip 1 enable ! interface FastEthernet1/0 ipv6 address 2023:5:25:23::3/64 ipv6 enable ipv6 rip 1 enable ! ipv6 router rip 1 ! end R3# 定义RIPNG进程名称为1，并在相关接口将RIPNG进程1引入

（5）验证测试1–IPv6 RIPNG路由表更新同步

表12.5　验证测试1

设备名称	验证测试步骤
R1	R1#show ipv6 route IPv6 Routing Table – 15 entries Codes: C – Connected, L – Local, S – Static, R – RIP, B – BGP 　　　U – Per–user Static route 　　　I1 – ISIS L1, I2 – ISIS L2, IA – ISIS interarea, IS – ISIS summary 　　　O – OSPF intra, OI – OSPF inter, OE1 – OSPF ext 1, OE2 – OSPF ext 2 　　　ON1 – OSPF NSSA ext 1, ON2 – OSPF NSSA ext 2 R　　3::3/128 [120/2] 　　　via FE80::CE02:11FF:FE3C:0, FastEthernet1/0 R　　20:23:2:1::/64 [120/2] 　　　via FE80::CE01:11FF:FE3C:0, FastEthernet0/0 R　　20:23:2:2::/64 [120/2] 　　　via FE80::CE01:11FF:FE3C:0, FastEthernet0/0 R　　20:23:2:3::/64 [120/2] 　　　via FE80::CE01:11FF:FE3C:0, FastEthernet0/0 R　　20:23:2:4::/64 [120/2] 　　　via FE80::CE01:11FF:FE3C:0, FastEthernet0/0 R　　20:23:2:5::/64 [120/2] 　　　via FE80::CE01:11FF:FE3C:0, FastEthernet0/0 R　　20:23:2:6::/64 [120/2] 　　　via FE80::CE01:11FF:FE3C:0, FastEthernet0/0 C　　2023:5:25:12::/64 [0/0] 　　　via ::, FastEthernet0/0 L　　2023:5:25:12::1/128 [0/0] 　　　via ::, FastEthernet0/0 C　　2023:5:25:13::/64 [0/0] 　　　via ::, FastEthernet1/0 L　　2023:5:25:13::1/128 [0/0] 　　　via ::, FastEthernet1/0 R　　2023:5:25:23::/64 [120/2] 　　　via FE80::CE01:11FF:FE3C:0, FastEthernet0/0 　　　via FE80::CE02:11FF:FE3C:0, FastEthernet1/0 L　　FE80::/10 [0/0] 　　　via ::, Null0 L　　FF00::/8 [0/0] 　　　via ::, Null0 R1# //路由表完全收敛状态，查看R1上的明细路由表

设备名称	验证测试步骤

R2	R2#show ipv6 route
	IPv6 Routing Table – 20 entries
	Codes: C – Connected, L – Local, S – Static, R – RIP, B – BGP
	    U – Per–user Static route
	    I1 – ISIS L1, I2 – ISIS L2, IA – ISIS interarea, IS – ISIS summary
	    O – OSPF intra, OI – OSPF inter, OE1 – OSPF ext 1, OE2 – OSPF ext 2
	    ON1 – OSPF NSSA ext 1, ON2 – OSPF NSSA ext 2
	R 3::3/128 [120/2]
	    via FE80::CE02:11FF:FE3C:10, FastEthernet1/0
	C 20:23:2:1::/64 [0/0]
	    via ::, Loopback1
	L 20:23:2:1::1/128 [0/0]
	    via ::, Loopback1
	C 20:23:2:2::/64 [0/0]
	    via ::, Loopback1
	L 20:23:2:2::1/128 [0/0]
	    via ::, Loopback1
	C 20:23:2:3::/64 [0/0]
	    via ::, Loopback1
	L 20:23:2:3::1/128 [0/0]
	    via ::, Loopback1
	C 20:23:2:4::/64 [0/0]
	    via ::, Loopback1
	L 20:23:2:4::1/128 [0/0]
	    via ::, Loopback1
	C 20:23:2:5::/64 [0/0]
	    via ::, Loopback1
	L 20:23:2:5::1/128 [0/0]
	    via ::, Loopback1
	C 20:23:2:6::/64 [0/0]
	    via ::, Loopback1
	L 20:23:2:6::1/128 [0/0]
	    via ::, Loopback1
	C 2023:5:25:12::/64 [0/0]
	    via ::, FastEthernet0/0
	L 2023:5:25:12::2/128 [0/0]
	    via ::, FastEthernet0/0
	R 2023:5:25:13::/64 [120/2]
	    via FE80::CE00:11FF:FE3C:0, FastEthernet0/0
	    via FE80::CE02:11FF:FE3C:10, FastEthernet1/0
	C 2023:5:25:23::/64 [0/0]
	    via ::, FastEthernet1/0
	L 2023:5:25:23::2/128 [0/0]
	    via ::, FastEthernet1/0

续表

设备名称	验证测试步骤

R2	L FE80::/10 [0/0]
	     via ::, Null0
	L FF00::/8 [0/0]
	     via ::, Null0
	R2#
	//路由表完全收敛状态，查看R2上的明细路由表

R3	R3#show ipv6 route
	IPv6 Routing Table – 15 entries
	Codes: C – Connected, L – Local, S – Static, R – RIP, B – BGP
	     U – Per–user Static route
	     I1 – ISIS L1, I2 – ISIS L2, IA – ISIS interarea, IS – ISIS summary
	     O – OSPF intra, OI – OSPF inter, OE1 – OSPF ext 1, OE2 – OSPF ext 2
	     ON1 – OSPF NSSA ext 1, ON2 – OSPF NSSA ext 2
	LC 3::3/128 [0/0]
	    via ::, Loopback1
	R 20:23:2:1::/64 [120/2]
	    via FE80::CE01:11FF:FE3C:10, FastEthernet1/0
	R 20:23:2:2::/64 [120/2]
	    via FE80::CE01:11FF:FE3C:10, FastEthernet1/0
	R 20:23:2:3::/64 [120/2]
	    via FE80::CE01:11FF:FE3C:10, FastEthernet1/0
	R 20:23:2:4::/64 [120/2]
	    via FE80::CE01:11FF:FE3C:10, FastEthernet1/0
	R 20:23:2:5::/64 [120/2]
	    via FE80::CE01:11FF:FE3C:10, FastEthernet1/0
	R 20:23:2:6::/64 [120/2]
	    via FE80::CE01:11FF:FE3C:10, FastEthernet1/0
	R 2023:5:25:12::/64 [120/2]
	    via FE80::CE00:11FF:FE3C:10, FastEthernet0/0
	    via FE80::CE01:11FF:FE3C:10, FastEthernet1/0
	C 2023:5:25:13::/64 [0/0]
	    via ::, FastEthernet0/0
	L 2023:5:25:13::3/128 [0/0]
	    via ::, FastEthernet0/0
	C 2023:5:25:23::/64 [0/0]
	    via ::, FastEthernet1/0
	L 2023:5:25:23::3/128 [0/0]
	    via ::, FastEthernet1/0
	L FE80::/10 [0/0]
	    via ::, Null0
	L FF00::/8 [0/0]
	    via ::, Null0
	R3#
	//路由表完全收敛状态，查看R3上的明细路由表

（6）验证测试2–IPv6 RIPNG 链路负载均衡

表12.6　验证测试2

设备名称	验证测试步骤
R1	R1#show ipv6 route 2023:5:25:23::/64 IPv6 Routing Table – 14 entries Codes: C – Connected, L – Local, S – Static, R – RIP, B – BGP 　　U – Per-user Static route 　　I1 – ISIS L1, I2 – ISIS L2, IA – ISIS interarea, IS – ISIS summary 　　O – OSPF intra, OI – OSPF inter, OE1 – OSPF ext 1, OE2 – OSPF ext 2 　　ON1 – OSPF NSSA ext 1, ON2 – OSPF NSSA ext 2 R　2023:5:25:23::/64 [120/2] 　　via FE80::CE01:11FF:FE3C:0, FastEthernet0/0 　　via FE80::CE02:11FF:FE3C:0, FastEthernet1/0 R1# //从R1的角度，去往目的网络2023:5:25:23::/64有两条等价路径，均为2跳，因此RIPNG路由协议将两条等价路径同时放入路由表中，可实现链路负载均衡
R2	R2#show ipv6 route 2023:5:25:13::/64 IPv6 Routing Table – 20 entries Codes: C – Connected, L – Local, S – Static, R – RIP, B – BGP 　　U – Per-user Static route 　　I1 – ISIS L1, I2 – ISIS L2, IA – ISIS interarea, IS – ISIS summary 　　O – OSPF intra, OI – OSPF inter, OE1 – OSPF ext 1, OE2 – OSPF ext 2 　　ON1 – OSPF NSSA ext 1, ON2 – OSPF NSSA ext 2 R　2023:5:25:13::/64 [120/2] 　　via FE80::CE00:11FF:FE3C:0, FastEthernet0/0 　　via FE80::CE02:11FF:FE3C:10, FastEthernet1/0 R2# //从R2的角度，去往目的网络2023:5:25:13::/64有两条等价路径，均为2跳，因此RIPNG路由协议将两条等价路径同时放入路由表中，可实现链路负载均衡
R3	R3#show ipv6 route 2023:5:25:12::/64 IPv6 Routing Table – 14 entries Codes: C – Connected, L – Local, S – Static, R – RIP, B – BGP 　　U – Per-user Static route 　　I1 – ISIS L1, I2 – ISIS L2, IA – ISIS interarea, IS – ISIS summary 　　O – OSPF intra, OI – OSPF inter, OE1 – OSPF ext 1, OE2 – OSPF ext 2 　　ON1 – OSPF NSSA ext 1, ON2 – OSPF NSSA ext 2 R　2023:5:25:12::/64 [120/2] 　　via FE80::CE00:11FF:FE3C:10, FastEthernet0/0 　　via FE80::CE01:11FF:FE3C:10, FastEthernet1/0 R3# //从R3的角度，去往目的网络2023:5:25:12::/64有两条等价路径，均为2跳，因此RIPNG路由协议将两条等价路径同时放入路由表中，可实现链路负载均衡

（7）验证测试3–IPv6 RIPNG水平分割（Split Horizon）

表12.7　验证测试3

设备名称	验证测试步骤
	RIPNG水平分割的原理是，RIPNG从某个接口学到的路由，不会再从该接口发回给邻居。这样不但防止路由循环，还可以减少带宽消耗。 Cisco路由器默认开启水平分割（Split Horizon）
R1	R1(config)#ipv6 router rip 1 R1(config–rtr)#split–horizon R1(config–rtr)#exit R1(config)# *Mar 1 00:30:00.015: RIPNG: response received from FE80::CE02:11FF:FE3C:0 on FastEthernet1/0 for 1 *Mar 1 00:30:00.015:　　　　src=FE80::CE02:11FF:FE3C:0 (FastEthernet1/0) *Mar 1 00:30:00.019:　　　　dst=FF02::9 *Mar 1 00:30:00.019:　　　　sport=521, dport=521, length=72 *Mar 1 00:30:00.019:　　　　command=2, version=1, mbz=0, #rte=3 *Mar 1 00:30:00.019:　　　　tag=0, metric=1, prefix=2023:5:25:13::/64 *Mar 1 00:30:00.019:　　　　tag=0, metric=1, prefix=2023:5:25:23::/64 *Mar 1 00:30:00.019:　　　　tag=0, metric=1, prefix=3::3/128 R1# *Mar 1 00:30:07.823: RIPNG: Sending multicast update on FastEthernet1/0 for 1 *Mar 1 00:30:07.823:　　　　src=FE80::CE00:11FF:FE3C:10 *Mar 1 00:30:07.823:　　　　dst=FF02::9 (FastEthernet1/0) *Mar 1 00:30:07.827:　　　　sport=521, dport=521, length=52 *Mar 1 00:30:07.827:　　　　command=2, version=1, mbz=0, #rte=2 *Mar 1 00:30:07.827:　　　　tag=0, metric=1, prefix=2023:5:25:12::/64 *Mar 1 00:30:07.827:　　　　tag=0, metric=1, prefix=2023:5:25:13::/64 *Mar 1 00:30:07.831: RIPNG: Sending multicast update on FastEthernet0/0 for 1 *Mar 1 00:30:07.831:　　　　src=FE80::CE00:11FF:FE3C:0 *Mar 1 00:30:07.831:　　　　dst=FF02::9 (FastEthernet0/0) R1# *Mar 1 00:30:07.831:　　　　sport=521, dport=521, length=72 *Mar 1 00:30:07.831:　　　　command=2, version=1, mbz=0, #rte=3 *Mar 1 00:30:07.835:　　　　tag=0, metric=1, prefix=2023:5:25:12::/64 *Mar 1 00:30:07.835:　　　　tag=0, metric=1, prefix=2023:5:25:13::/64 *Mar 1 00:30:07.835:　　　　tag=0, metric=2, prefix=3::3/128 R1# //从R1的RIPNG进程的调试信息可以发现，R1从FastEthernet1/0收到来自R3的update信息，包含prefix=3::3/128，根据水平分割（Split Horizon）原理，该前缀信息prefix=3::3/128不会再从FastEthernet1/0发送出去，但仍然可以从FastEthernet0/0发送出去

续表

设备名称	验证测试步骤
R1	R1(config)#ipv6 router rip 1 R1(config-rtr)# no split-horizon R1(config-rtr)#exit R1(config)# 尝试关闭水平分割（Split Horizon），再次查看 R1 的 RIPNG 进程的调试信息 R1# *Mar 1 00:35:04.655: RIPNG: response received from FE80::CE02:11FF:FE3C:0 on FastEthernet1/0 for 1 *Mar 1 00:35:04.655: src=FE80::CE02:11FF:FE3C:0 (FastEthernet1/0) *Mar 1 00:35:04.659: dst=FF02::9 *Mar 1 00:35:04.659: sport=521, dport=521, length=72 *Mar 1 00:35:04.659: command=2, version=1, mbz=0, #rte=3 *Mar 1 00:35:04.659: tag=0, metric=1, prefix=2023:5:25:13::/64 *Mar 1 00:35:04.659: tag=0, metric=1, prefix=2023:5:25:23::/64 *Mar 1 00:35:04.663: tag=0, metric=1, prefix=3::3/128 R1# *Mar 1 00:35:11.603: RIPNG: response received from FE80::CE01:11FF:FE3C:0 on FastEthernet0/0 for 1 *Mar 1 00:35:11.607: src=FE80::CE01:11FF:FE3C:0 (FastEthernet0/0) *Mar 1 00:35:11.607: dst=FF02::9 *Mar 1 00:35:11.607: sport=521, dport=521, length=72 *Mar 1 00:35:11.607: command=2, version=1, mbz=0, #rte=3 *Mar 1 00:35:11.611: tag=0, metric=1, prefix=2023:5:25:12::/64 *Mar 1 00:35:11.611: tag=0, metric=1, prefix=2023:5:25:23::/64 *Mar 1 00:35:11.611: tag=0, metric=2, prefix=3::3/128 R1# *Mar 1 00:35:18.223: RIPNG: Sending multicast update on FastEthernet1/0 for 1 *Mar 1 00:35:18.223: src=FE80::CE00:11FF:FE3C:10 *Mar 1 00:35:18.223: dst=FF02::9 (FastEthernet1/0) *Mar 1 00:35:18.227: sport=521, dport=521, length=92 *Mar 1 00:35:18.227: command=2, version=1, mbz=0, #rte=4 *Mar 1 00:35:18.227: tag=0, metric=1, prefix=2023:5:25:12::/64 *Mar 1 00:35:18.227: tag=0, metric=1, prefix=2023:5:25:13::/64 *Mar 1 00:35:18.227: tag=0, metric=2, prefix=2023:5:25:23::/64 *Mar 1 00:35:18.231: tag=0, metric=2, prefix=3::3/128 *Mar 1 00:35:18.231: RIPNG: Sending multicast update on FastEthernet0/0 for 1 //从 R1 的 RIPNG 进程的调试信息可以发现，R1 从 FastEthernet1/0 收到来自 R3 的 update 信息，包含 prefix=3::3/128，由于关闭了水平分割（Split Horizon），该前缀信息 prefix=3::3/128 再次从 FastEthernet1/0 发送出去，又从 FastEthernet0/0 将 prefix=3::3/128 收回来。这样就容易产生去往目的地址 prefix=3::3/128 的路由环路

（8）验证测试4-IPv6毒性逆转（Poison Reverse）

表12.8　验证测试4

设备名称	验证测试步骤
	毒性逆转的原理是，RIPNG从某个接口学到的路由，将该路由的开销设置为16（即指明该路由不可达），并从原接口发回邻居设备。通过这种方式，可以清除对方路由表中的无用路由。 RIPNG毒性逆转也是为了防止产生路由环路。 Cisco路由器默认关闭毒性逆转（Poison Reverse）
R1	R1(config)#ipv6 router rip 1 R1(config-rtr)# poison-reverse R1(config-rtr)#exit R1(config)# 在开启毒性逆转（Poison Reverse）的情况下，查看R1的RIPNG进程的调试信息 R1# *Mar 1 00:59:06.415: RIPNG: response received from FE80::CE02:11FF:FE3C:0 on FastEthernet1/0 for 1 *Mar 1 00:59:06.415:　　src=FE80::CE02:11FF:FE3C:0 (FastEthernet1/0) *Mar 1 00:59:06.419:　　dst=FF02::9 *Mar 1 00:59:06.419:　　sport=521, dport=521, length=72 *Mar 1 00:59:06.419:　　command=2, version=1, mbz=0, #rte=3 *Mar 1 00:59:06.419:　　tag=0, metric=1, prefix=2023:5:25:13::/64 *Mar 1 00:59:06.419:　　tag=0, metric=1, prefix=2023:5:25:23::/64 *Mar 1 00:59:06.419:　　tag=0, metric=1, prefix=3::3/128 R1# *Mar 1 00:59:28.559: RIPNG: Sending multicast update on FastEthernet1/0 for 1 *Mar 1 00:59:28.559:　　src=FE80::CE00:11FF:FE3C:10 *Mar 1 00:59:28.559:　　dst=FF02::9 (FastEthernet1/0) *Mar 1 00:59:28.559:　　sport=521, dport=521, length=92 *Mar 1 00:59:28.559:　　command=2, version=1, mbz=0, #rte=4 *Mar 1 00:59:28.559:　　tag=0, metric=1, prefix=2023:5:25:12::/64 *Mar 1 00:59:28.559:　　tag=0, metric=1, prefix=2023:5:25:13::/64 *Mar 1 00:59:28.559:　　tag=0, metric=16, prefix=2023:5:25:23::/64 *Mar 1 00:59:28.559:　　tag=0, metric=16, prefix=3::3/128 //从R1的RIPNG进程的调试信息可以发现，R1从FastEthernet1/0收到来自R3的update信息，包含prefix=3::3/128，由于开启了毒性逆转（Poison Reverse），该前缀信息prefix=3::3/128再次从FastEthernet1/0发送出去的时候，prefix=3::3/128的metric值已经被置为16，metric=16

（9）验证测试5-IPv6路由聚合（Summary Address）

表12.9　验证测试5

设备名称	验证测试步骤
	在大规模网络中，RIPNG路由表的条目过多，不仅会占用系统资源，另外如果某IP地址范围内的链路频繁up和Down也会导致路由振荡。 RIPNG路由聚合通过将多条同一个自然网段内的不同子网的路由在向其他网段发送时聚合成一个网段的路由发送，并只对外通告聚合后的路由，有效减少路由表中的条目，减少对系统资源的占用，同时也避免网络中的路由振荡
R2	R2# interface Loopback1 　no ip address 　ipv6 address 20:23:2:1::1/64 　ipv6 address 20:23:2:2::1/64 　ipv6 address 20:23:2:3::1/64 　ipv6 address 20:23:2:4::1/64 　ipv6 address 20:23:2:5::1/64 　ipv6 address 20:23:2:6::1/64 　ipv6 enable 　ipv6 rip 1 enable ! interface FastEthernet0/0 　no ip address 　duplex auto 　speed auto 　ipv6 address 2023:5:25:12::2/64 　ipv6 enable 　ipv6 rip 1 enable 　ipv6 rip 1 summary-address 20:23:2::/48 ! interface FastEthernet1/0 　no ip address 　duplex auto 　speed auto 　ipv6 address 2023:5:25:23::2/64 　ipv6 enable 　ipv6 rip 1 enable 　ipv6 rip 1 summary-address 20:23:2::/48 ! R2# //在R2的FastEthernet0/0和FastEthernet1/0接口模式下，开启了RIPNG路由聚合，ipv6 rip 1 summary-address 20:23:2::/48，再次查看R1,R3的IPv6路由表

设备名称	验证测试步骤

R1	R1#show ipv6 route
	IPv6 Routing Table – 9 entries
	Codes: C – Connected, L – Local, S – Static, R – RIP, B – BGP
	    U – Per-user Static route
	    I1 – ISIS L1, I2 – ISIS L2, IA – ISIS interarea, IS – ISIS summary
	    O – OSPF intra, OI – OSPF inter, OE1 – OSPF ext 1, OE2 – OSPF ext 2
	    ON1 – OSPF NSSA ext 1, ON2 – OSPF NSSA ext 2
	R 3::3/128 [120/2]
	    via FE80::CE02:11FF:FE3C:0, FastEthernet1/0
	R 20:23:2::/48 [120/2]
	    via FE80::CE01:11FF:FE3C:0, FastEthernet0/0
	C 2023:5:25:12::/64 [0/0]
	    via ::, FastEthernet0/0
	L 2023:5:25:12::1/128 [0/0]
	    via ::, FastEthernet0/0
	C 2023:5:25:13::/64 [0/0]
	    via ::, FastEthernet1/0
	L 2023:5:25:13::1/128 [0/0]
	    via ::, FastEthernet1/0
	R 2023:5:25:23::/64 [120/2]
	    via FE80::CE01:11FF:FE3C:0, FastEthernet0/0
	    via FE80::CE02:11FF:FE3C:0, FastEthernet1/0
	L FE80::/10 [0/0]
	    via ::, Null0
	L FF00::/8 [0/0]
	    via ::, Null0
	R1#
	//在R1上查看路由表，发现路由表中明细路由（20:23:2:1::1/64，20:23:2:2::1/64，20:23:2:3::1/64，20:23:2:4::1/64，20:23:2:5::1/64，20:23:2:6::1/64）显然已经消失，被一条聚合路由 R 20:23:2::/48 [120/2]替代

R3	R3#show ipv6 route
	IPv6 Routing Table – 9 entries
	Codes: C – Connected, L – Local, S – Static, R – RIP, B – BGP
	    U – Per-user Static route
	    I1 – ISIS L1, I2 – ISIS L2, IA – ISIS interarea, IS – ISIS summary
	    O – OSPF intra, OI – OSPF inter, OE1 – OSPF ext 1, OE2 – OSPF ext 2
	    ON1 – OSPF NSSA ext 1, ON2 – OSPF NSSA ext 2
	LC 3::3/128 [0/0]
	    via ::, Loopback1
	R 20:23:2::/48 [120/2]
	    via FE80::CE01:11FF:FE3C:10, FastEthernet1/0

设备名称	验证测试步骤
R3	R 2023:5:25:12::/64 [120/2] 　　via FE80::CE00:11FF:FE3C:10, FastEthernet0/0 　　via FE80::CE01:11FF:FE3C:10, FastEthernet1/0 C 2023:5:25:13::/64 [0/0] 　　via ::, FastEthernet0/0 L 2023:5:25:13::3/128 [0/0] 　　via ::, FastEthernet0/0 C 2023:5:25:23::/64 [0/0] 　　via ::, FastEthernet1/0 L 2023:5:25:23::3/128 [0/0] 　　via ::, FastEthernet1/0 L FE80::/10 [0/0] 　　via ::, Null0 L FF00::/8 [0/0] 　　via ::, Null0 R3# //在R3上查看路由表，发现路由表中已经没有了明细路由（20:23:2:1::1/64，20:23:2:2::1/64，20:23:2:3::1/64，20:23:2:4::1/64，20:23:2:5::1/64，20:23:2:6::1/64），被一条聚合路由R　20:23:2::/48 [120/2]所替代

第 13 章　MP-BGP

13.1　背景知识

13.1.1　BGP简介

边界网关协议（Border Gateway Protocol，BGP）是一种既可以用于不同AS（Autonomous System，自治系统）之间，又可以用于同一AS内部的动态路由协议。当BGP运行于同一AS内部时，被称为IBGP（Internal BGP）；当BGP运行于不同AS之间时，称为EBGP（External BGP）。AS是拥有同一选路策略，属于同一技术管理部门的一组路由器。

当前使用的BGP版本是BGP-4。BGP-4作为Internet外部路由协议标准，被互联网服务提供商（Internet Service Provider，ISP）广泛应用。

BGP具有如下特点：

① BGP是一种外部网关协议（Exterior Gateway Protocol，EGP），与OSPF、RIP等内部网关协议（Interior Gateway Protocol，IGP）不同，其着眼点不在于发现和计算路由，而在于控制路由的传播和选择最佳路由。

② BGP使用TCP作为其传输层协议（端口号179），提高了协议的可靠性。

③ BGP是一种路径矢量（Path-Vector）路由协议，它采用到达目的地址所经过的AS列表来衡量到达目的地址的距离。

④ BGP支持无类域间路由（Classless Inter-Domain Routing，CIDR）。

⑤ 路由更新时，BGP只发送更新的路由，大大减少了BGP传播路由所占用的带宽，适用于在Internet上传播大量的路由信息。

⑥ BGP路由通过携带AS路径信息彻底解决路由环路问题。

⑦ BGP提供了丰富的路由策略，能够对路由实现灵活的过滤和选择。

⑧ BGP易于扩展，能够适应网络新的发展。

13.1.2　BGP发言者和BGP对等体

运行BGP协议的路由器称为BGP发言者。BGP发言者接收或产生路由信息，并将路由信息发布给其他BGP发言者。

相互之间存在TCP连接、相互交换路由信息的BGP发言者互为BGP对等体。根据对等体所在的AS，对等体分为以下几种：

① IBGP对等体：对等体与本地路由器位于同一AS。

② EBGP对等体：对等体与本地路由器位于不同AS。

13.1.3　BGP的消息类型

BGP定义了以下几种消息类型：

① Open：TCP连接建立后发送的第一个消息，用于在BGP对等体之间建立会话。

② Update：用于在对等体之间交换路由信息。一条Update消息可以发布具有相同路径属性的多条可达路由，也可以同时撤销多条不可达路由。

③ Keepalive：BGP周期性地向对等体发送Keepalive消息，以保持会话的有效性。

④ Route-refresh：用来要求对等体重新发送指定地址族的路由信息。

⑤ Notification：当BGP检测到错误状态时，就向对等体发出Notification消息，之后BGP会话会立即中断。

13.1.4　BGP的路由属性

BGP路由属性是跟随路由一起发布出去的一组参数。它对特定的路由进行了进一步的描述，使得路由接收者能够根据路由属性值对路由进行过滤和选择。下面将介绍几种常见的路由属性。

1.源（ORIGIN）属性

ORIGIN属性定义了路由信息的来源，标记一条BGP路由是怎么生成的。它有以下三种类型：

① IGP：优先级最高，表示路由产生于本AS内。

② EGP：优先级次之，表示路由通过EGP学到。

③ Incomplete：优先级最低，表示路由的来源无法确定。例如，从其他

路由协议引入的路由信息。

2.AS路径（AS_PATH）属性

AS_PATH属性记录了某条路由从本地到目的地址所要经过的所有AS号。当BGP路由器将一条路由通告到其他AS时，会把本地AS号添加在AS_PATH列表中。收到此路由的BGP路由器根据AS_PATH属性就可以知道到达目的地址所要经过的AS。

AS_PATH属性有以下两种类型：

① AS_SEQUENCE：AS号按照一定的顺序排列。如图13.1所示，离本地AS最近的相邻AS号排在前面，其他AS号按顺序依次排列。

② AS_SET：AS号只是经过的AS的简单罗列，没有顺序要求。

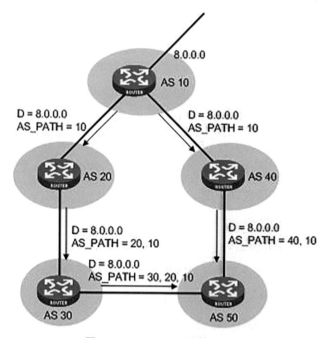

图13.1　AS_PATH属性

AS_PATH属性具有如下用途：

① 避免路由环路的形成：缺省情况下，如果BGP路由器接收到的路由的AS_PATH属性中已经包含了本地的AS号，则BGP路由器认为出现路由环路，不会接受该路由。

② 影响路由的选择：在其他因素相同的情况下，BGP会优先选择路径较短的路由。比如在图13.1中，AS 50中的BGP路由器会选择经过AS 40的路径作为到目的地址8.0.0.0的最优路由。用户可以使用路由策略来人为地增加AS路径的长度，以便更为灵活地控制BGP路径的选择。

③ 对路由进行过滤：通过配置AS路径过滤列表，可以针对AS_PATH属性中所包含的AS号来对路由进行过滤。AS路径过滤列表的详细介绍，请参见"三层技术–IP路由配置指导"中的"路由策略"。

3. 下一跳（NEXT_HOP）属性

BGP的NEXT_HOP属性取值不一定是邻居路由器的IP地址。如图13.2所示，NEXT_HOP属性取值情况分为几种：

① BGP发言者把自己产生的路由发给所有邻居时，将该路由信息的NEXT_HOP属性设置为自己与对端连接的接口地址；

② BGP发言者把接收到的路由发送给EBGP对等体时，将该路由信息的NEXT_HOP属性设置为自己与对端连接的接口地址；

③ BGP发言者把从EBGP邻居得到的路由发给IBGP邻居时，并不改变该路由信息的NEXT_HOP属性。如果配置了负载分担，等价路由被发给IBGP邻居时则会修改NEXT_HOP属性。

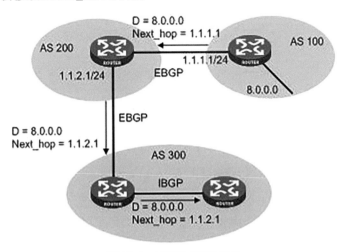

图13.2　NEXT_HOP属性

4. 多出口区分（Multi-Exit Discriminator，MED）属性

MED 属性仅在相邻两个 AS 之间交换，收到此属性的 AS 不会再将其通告给其他 AS。

MED 属性相当于 IGP 使用的度量值（metrics），它用于判断流量进入 AS 时的最佳路由。当一个 BGP 路由器通过不同的 EBGP 对等体得到目的地址相同但下一跳不同的多条路由时，在其他条件相同的情况下，将优先选择 MED 值较小者作为最佳路由。如图 13.3 所示，从 AS 10 到 AS 20 的流量将选择 Router B 作为入口。

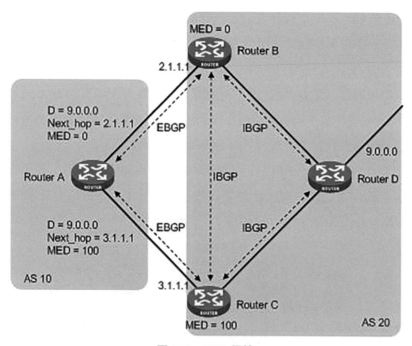

图 13.3　MED 属性

通常情况下，BGP 只比较来自同一个 AS 的路由的 MED 属性值。在某些特殊的应用中，用户也可以通过配置 compare-different-as-med 命令，强制 BGP 比较来自不同 AS 的路由的 MED 属性值。

5. 本地优先（LOCAL_PREF）属性

LOCAL_PREF 属性仅在 IBGP 对等体之间交换，不通告给其他 AS。它表明 BGP 路由器的优先级。

LOCAL_PREF属性用于判断流量离开AS时的最佳路由。当BGP路由器通过不同的IBGP对等体得到目的地址相同但下一跳不同的多条路由时,将优先选择LOCAL_PREF属性值较高的路由。如图13.4所示,从AS 20到AS 10的流量将选择Router C作为出口。

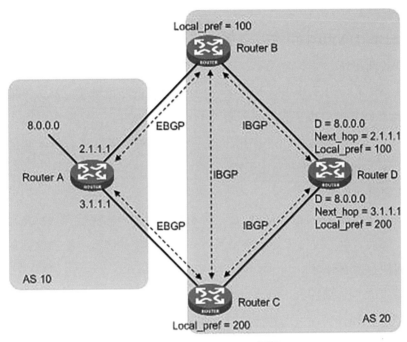

图13.4 LOCAL_PREF属性

6.团体(COMMUNITY)属性

BGP将具有相同特征的路由归为一组,称为一个团体,通过在路由中携带团体属性标识路由所属的团体。团体没有物理上的边界,不同AS的路由可以属于同一个团体。

根据需要,一条路由可以携带一个或多个团体属性值(每个团体属性值用一个四字节的整数表示)。接收到该路由的路由器可以通过比较团体属性值对路由作出适当的处理(比如决定是否发布该路由、在什么范围发布等),而不需要匹配复杂的过滤规则(如ACL),从而简化路由策略的应用和降低维护管理的难度。

公认的团体属性有:

① INTERNET：缺省情况下，所有的路由都属于INTERNET团体。具有此属性的路由可以被通告给所有的BGP对等体。

② NO_EXPORT：具有此属性的路由在收到后，不能被发布到本地AS之外。如果使用了联盟，则不能被发布到联盟之外，但可以发布给联盟中的其他子AS。

③ NO_ADVERTISE：具有此属性的路由被接收后，不能被通告给任何其他的BGP对等体。

④ NO_EXPORT_SUBCONFED：具有此属性的路由被接收后，不能被发布到本地AS之外，也不能发布到联盟中的其他子AS。

除了公认的团体属性外，用户还可以使用团体属性列表自定义团体属性，以便更为灵活地控制路由策略。

7. 扩展团体属性

随着团体属性的应用日益广泛，原有四字节的团体属性无法满足用户的需求。因此，BGP定义了新的路由属性——扩展团体属性。扩展团体属性与团体属性有如下不同：

① 扩展团体属性为八字节，提供了更多的属性值。

② 扩展团体属性可以划分类型。在不同的组网应用中，可以使用不同类型的扩展团体属性对路由进行过滤和控制。与不区分类型、统一使用同一个属性值空间的团体属性相比，扩展团体属性的配置和管理更为简单。

13.2 细分知识

13.2.1 MP-BGP概述

BGP-4只能传递IPv4单播的路由信息，不能传递其他网络层协议（如IPv6等）的路由信息。

为了提供对多种网络层协议的支持，IETF对BGP-4进行了扩展，形成多协议边界网关协议（Multiprotocol Border Gateway Protocol，MP-BGP）。MP-BGP可以为多种网络层协议传递路由信息，如IPv4组播、IPv6单播、IPv6组播、VPNv4等。

支持MP-BGP的路由器与不支持MP-BGP的路由器可以互通。

13.2.2　MP-BGP的扩展属性

路由信息中与网络层协议相关的关键信息包括路由前缀和下一跳地址。BGP-4通过Update消息中的NLRI（Network Layer Reachability Information，网络层可达性信息）字段携带可达路由的前缀信息，Withdrawn Routes字段携带不可达路由的前缀信息，NEXT_HOP属性携带下一跳地址信息。NLRI字段、Withdrawn Routes字段和NEXT_HOP属性不易于扩展，无法携带多种网络层协议的信息。

为实现对多种网络层协议的支持，MP-BGP定义了两个新的路径属性：

① 多协议可达NLRI（Multiprotocol Reachable NLRI，MP_REACH_NLRI）：用于携带多种网络层协议的可达路由前缀及下一跳地址信息，以便向邻居发布该路由。

② 多协议不可达NLRI（Multiprotocol Unreachable NLRI，MP_UNREACH_NLRI）：用于携带多种网络层协议的不可达路由前缀信息，以便撤销该路由。

MP-BGP通过上述两个路径属性传递不同网络层协议的可达路由和不可达路由信息。不支持MP-BGP的BGP发言者接收到带有这两个属性的Update消息后，忽略这两个属性，不把它们传递给其他邻居。

目前，系统实现了多种MP-BGP扩展应用，包括对VPN的扩展、对IPv6的扩展、对组播的扩展等。有关VPN的扩展应用，请参见"MPLS配置指导"中的"MPLS L3VPN"。

13.2.3　地址族

MP-BGP采用地址族（Address Family）和子地址族（Subsequent Address Family）来区分MP_REACH_NLRI属性、MP_UNREACH_NLRI属性中携带路由信息所属的网络层协议。例如，如果MP_REACH_NLRI属性中地址族标识符（Address Family Identifier，AFI）为2、子地址族标识符（Subsequent Address Family Identifier，SAFI）为1，则表示该属性中携带的是IPv6单播路由信息。关于地址族的一些取值可以参考RFC 1700。

13.2.4 BGP 配置任务简介

在最基本的 BGP 网络中，只需完成如下配置：

① 启动 BGP。

② 配置 BGP 对等体或对等体组。如果分别对对等体组和对等体组中的对等体进行了某项 BGP 配置，则以最后一次配置为准。

③ 控制 BGP 路由信息的生成。

如果在 BGP 网络中，需要对 BGP 路由信息的发布、BGP 路径的选择等进行控制，则可以根据需要进行其他配置。

表 13.1　BGP 配置任务简介（IPv6）

配置任务		说明
配置 BGP 基本功能	启动 BGP	必选
	手工创建 BGP 对等体	三者必选其一 建议在大规模的 BGP 网络中选择"配置 BGP 对等体组"，以便简化配置
	动态创建 BGP 对等体	
	配置 BGP 对等体组	
	配置建立 TCP 连接使用的源接口	可选
控制 BGP 路由信息的生成	配置 BGP 发布本地路由	二者至少选其一
	配置 BGP 引入 IGP 路由协议的路由	

13.3　项目部署与任务分解

项目：探究 IPv6 BGP 的应用

【项目简介】

在 H3C Cloud Lab HCL 实验平台上，拉取四台路由器 MSR36-20，按照网络拓扑图以及网络设备连接表完成对相应的网络设备以及端口的连接。

MSR01、MSR02、MSR03、MSR04 运行 BGPv4 路由协议，MSR01 位于 AS 100，MSR02、MSR03、MSR04 位于 AS 234。

MSR01 与 MSR03 形成 EBGP 对等体，MSR02、MSR03、MSR04 位于同一 AS 234，形成全互联 IBGP 对等体。

观察 EBGP、IBGP 对等体建立的过程与效果。

在MSR01创建LoopBack1接口，配置IPv6地址1::1/128，用于测试。

在MSR04创建LoopBack1接口，配置IPv6地址4::4/128，用于测试。

在MSR01、MSR04的BGPv4进程ipv6协议簇中，发布互联接口IPv6地址前缀以及LoopBack1 IPv6地址，观察BGP路由表，测试网络联通效果。

【任务分解】

（1）网络拓扑图

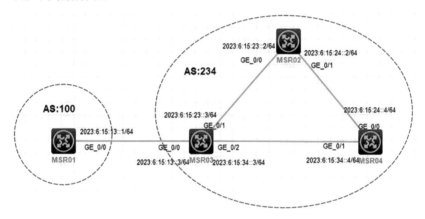

图13.5　网络拓扑图

（2）网络设备连接表

表13.2　网络设备连接表

网络设备名称	接口	网络设备名称	接口
MSR01	GE_0/0	MSR03	GE_0/0
MSR03	GE_0/0	MSR01	GE_0/0
MSR03	GE_0/1	MSR02	GE_0/0
MSR03	GE_0/2	MSR04	GE_0/1
MSR02	GE_0/0	MSR03	GE_0/1
MSR02	GE_0/1	MSR04	GE_0/0

（3）数据规划表

表13.3　数据规划表

网络设备名称	接口类型与编号	IPv6/IPv4地址
MSR01	LoopBack1	1::1/128
	GigabitEthernet0/0	2023:6:15:13::1/64

续表

网络设备名称	接口类型与编号	IPv6/IPv4 地址
MSR02	GigabitEthernet0/0	2023:6:15:23::2/64
	GigabitEthernet0/1	2023:6:15:24::2/64
MSR03	GigabitEthernet0/0	2023:6:15:13::3/64
	GigabitEthernet0/1	2023:6:15:23::3/64
	GigabitEthernet0/2	2023:6:15:34::3/64
MSR04	LoopBack1	4::4/128
	GigabitEthernet0/0	2023:6:15:24::4/64
	GigabitEthernet0/1	2023:6:15:34::4/64

（4）网络设备配置

表13.4　网络设备配置

设备名称	相关配置
MSR01	[MSR01]display current-configuration # sysname MSR01 # vlan 1 # interface LoopBack1 ipv6 address 1::1/128 # interface GigabitEthernet0/0 port link-mode route combo enable copper ipv6 address 2023:6:15:13::1/64 # bgp 100　//BGPv4路由协议，本地AS号100 router-id 1.1.1.1 peer 2023:6:15:13::3 as-number 234 //EBGP对等体配置,远端AS号234 # address-family ipv6 unicast //MPBGP IPv6协议簇 network 1::1 128　//发布回环接口地址 network 2023:6:15:13:: 64　//发布与MSR03互联的IPv6前缀 peer 2023:6:15:13::3 enable 使能 MBGP EBGP对等体MSR03 # return

设备名称	相关配置

MSR02	[MSR02]display current-configuration
	#
	 sysname MSR02
	#
	vlan 1
	#
	interface GigabitEthernet0/0
	 port link-mode route
	 combo enable copper
	 ipv6 address 2023:6:15:23::2/64
	#
	interface GigabitEthernet0/1
	 port link-mode route
	 combo enable copper
	 ipv6 address 2023:6:15:24::2/64
	#
	bgp 234　//BGPv4路由协议,本地 AS 号 234
	 router-id 2.2.2.2
	 peer 2023:6:15:23::3 as-number 234
	//配置 iBGP AS 234 全互联对等体 MSR03
	 peer 2023:6:15:24::4 as-number 234
	//配置 iBGP AS 234 全互联对等体 MSR04
	 #
	 address-family ipv6 unicast
	  peer 2023:6:15:23::3 enable //使能 iBGP 对等体 MSR03
	  peer 2023:6:15:24::4 enable //使能 iBGP 对等体 MSR04
	 #
	return

MSR03	[MSR03]display current-configuration # sysname MSR03 # vlan 1 # interface GigabitEthernet0/0 port link-mode route combo enable copper ipv6 address 2023:6:15:13::3/64 # interface GigabitEthernet0/1 port link-mode route

设备名称	相关配置

MSR03	combo enable copper
	ipv6 address 2023:6:15:23::3/64
	#
	interface GigabitEthernet0/2
	 port link-mode route
	 combo enable copper
	 ipv6 address 2023:6:15:34::3/64
	#
	bgp 234 //BGPv4路由协议,本地AS号234
	 router-id 3.3.3.3
	 peer 2023:6:15:13::1 as-number 100 //EBGP对等体配置,远端AS号100
	 peer 2023:6:15:23::2 as-number 234
	//配置iBGP AS 234 全互联对等体 MSR02
	 peer 2023:6:15:34::4 as-number 234
	//配置iBGP AS 234 全互联对等体 MSR04
	 #
	 address-family ipv6 unicast
	  network 2023:6:15:13:: 64 //发布与MSR01互联的路由前缀
	  peer 2023:6:15:13::1 enable //使能EBGP对等体MSR01
	  peer 2023:6:15:23::2 enable //使能iBGP对等体MSR03
	  peer 2023:6:15:34::4 enable //使能iBGP对等体MSR03
	#
	return

MSR04	[MSR04]display current-configuration # sysname MSR04 # vlan 1 # interface LoopBack1 ipv6 address 4::4/128 # interface GigabitEthernet0/0 port link-mode route combo enable copper ipv6 address 2023:6:15:24::4/64 # interface GigabitEthernet0/1 port link-mode route combo enable copper ipv6 address 2023:6:15:34::4/64 #

设备名称	相关配置

MSR04	bgp 234 //BGPv4路由协议,本地 AS号 234
	　router-id 4.4.4.4
	　peer 2023:6:15:24::2 as-number 234
	//配置 iBGP AS 234 全互联对等体 MSR02
	　peer 2023:6:15:34::3 as-number 234
	//配置 iBGP AS 234 全互联对等体 MSR03
	　#
	address-family ipv6 unicast
	　network 4::4 128
	　network 2023:6:15:34:: 64 //发布与 MSR03 互联的路由前缀
	　peer 2023:6:15:24::2 enable //使能 iBGP 对等体 MSR02
	　peer 2023:6:15:34::3 enable //使能 iBGP 对等体 MSR03
	#
	return

（5）验证测试

表 13.5　验证测试步骤

设备名称	验证测试步骤

MSR01	[MSR01]display ipv6 interface brief //查看IPv6接口统计信息
	*down: administratively down
	(s): spoofing
	Interface　　　　　　　　　Physical Protocol IPv6 Address
	GigabitEthernet0/0　　　　　up　　　up　　　2023:6:15:13::1
	LoopBack1　　　　　　　　up　　　up(s)　1::1
	
	[MSR01]display bgp routing-table ipv6 //查看IPv6 BGP路由表
	
	Total number of routes: 5
	
	BGP local router ID is 1.1.1.1
	Status codes: * – valid, > – best, d – dampened, h – history,
	　　　　　　　s – suppressed, S – stale, i – internal, e – external
	　　　　　　　Origin: i – IGP, e – EGP, ? – incomplete
	//本地发布回环接口地址, network 1::1 128,装入 BGP路由表
	* >　Network : 1::1　　　　　　　　PrefixLen : 128
	　　　NextHop : ::1　　　　　　　　LocPrf　　:
	　　　PrefVal : 32768　　　　　　　OutLabel : 0
	　　　MED　　: 0
	　　　Path/Ogn : i
	// 学习到由 MSR04 发布过来的路由条目 4::4/128

续表

设备名称	验证测试步骤

MSR01	* >e Network : 4::4　　　　　　　　　　　PrefixLen : 128
	　　NextHop : 2023:6:15:13::3　　　　　　　LocPrf　　:
	　　PrefVal : 0　　　　　　　　　　　　　　OutLabel : NULL
	　　MED　　　:
	　　Path/Ogn: 234i
	//本地发布与MSR03互联的IPv6前缀2023:6:15:13::/64,装入BGP路由表
	* >　Network : 2023:6:15:13::　　　　　　PrefixLen : 64
	　　NextHop : ::　　　　　　　　　　　　　LocPrf　　:
	　　PrefVal : 32768　　　　　　　　　　　OutLabel : 0
	　　MED　　: 0
	　　Path/Ogn: i
	
	*　e Network : 2023:6:15:13::　　　　　　PrefixLen : 64
	　　NextHop : 2023:6:15:13::3　　　　　　LocPrf　　:
	　　PrefVal : 0　　　　　　　　　　　　　OutLabel : NULL
	　　MED　　: 0
	　　Path/Ogn: 234i
	// 学习到由MSR03发布过来的路由条目2023:6:15:34::/64, 装入BGP路由表
	* >e Network : 2023:6:15:34::　　　　　　PrefixLen : 64
	　　NextHop : 2023:6:15:13::3　　　　　　LocPrf　　:
	　　PrefVal : 0　　　　　　　　　　　　　OutLabel : NULL
	　　MED　　:
	　　Path/Ogn: 234i
	[MSR01]
	
	[MSR01]display bgp peer ipv6　//查看EBGP邻居建立信息
	
	　BGP local router ID: 1.1.1.1
	　Local AS number: 100
	　Total number of peers: 1　　　　　　Peers in established state: 1
	
	　* – Dynamically created peer
	　Peer　　　　　　　　AS MsgRcvd MsgSent OutQ PrefRcv Up/Down State
	
	　2023:6:15:13::3　　　234　　92　　91　0　　　2 01:21:33 Established
	
	[MSR01]display bgp network ipv6 //查看BGP进程中本地发布的IPv6前缀
	
	　BGP local router ID: 1.1.1.1
	　Local AS number: 100

续表

设备名称	验证测试步骤
MSR01	Network PrefixLen Route–policy Short–cut 1::1 128 No 2023:6:15:13:: 64 No [MSR01]ping ipv6 4::4 //测试到 MSR04 的回环接口 4::4 的连通性 Ping6(56 data bytes) 2023:6:15:13::1 --> 4::4, press CTRL+C to break 56 bytes from 4::4, icmp_seq=0 hlim=63 time=4.000 ms 56 bytes from 4::4, icmp_seq=1 hlim=63 time=3.000 ms 56 bytes from 4::4, icmp_seq=2 hlim=63 time=3.000 ms 56 bytes from 4::4, icmp_seq=3 hlim=63 time=4.000 ms 56 bytes from 4::4, icmp_seq=4 hlim=63 time=4.000 ms --- Ping6 statistics for 4::4 --- 5 packet(s) transmitted, 5 packet(s) received, 0.0% packet loss round–trip min/avg/max/std–dev = 3.000/3.600/4.000/0.490 ms [MSR01]%Jun 15 13:35:32:098 2023 MSR01 PING/6/PING_STATISTICS: Ping6 statistics for 4::4: 5 packet(s) transmitted, 5 packet(s) received, 0.0% packet loss, round–trip min/avg/max/std–dev = 3.000/3.600/4.000/0.490 ms. [MSR01]tracert ipv6 4::4 //对 MSR04 的回环接口 4::4 的路径跟踪 traceroute to 4::4 (4::4), 30 hops at most, 60 byte packets, press CTRL+C to break 1 2023:6:15:13::3 2.000 ms 4.000 ms 3.000 ms 2 2023:6:15:34::4 [AS 234] 2.000 ms 4.000 ms 3.000 ms [MSR01]
MSR02	[MSR02]display ipv6 interface brief *down: administratively down (s): spoofing Interface Physical Protocol IPv6 Address GigabitEthernet0/0 up up 2023:6:15:23::2 GigabitEthernet0/1 up up 2023:6:15:24::2 [MSR02] [MSR02]display bgp peer ipv6 //查看全互联 iBGP 对等体信息 BGP local router ID: 2.2.2.2 Local AS number: 234 Total number of peers: 2 Peers in established state: 2 * – Dynamically created peer Peer AS MsgRcvd MsgSent OutQ PrefRcv Up/Down State

设备名称	验证测试步骤

MSR02	2023:6:15:23::3 234 113 93 0 2 01:26:47 Established
	2023:6:15:24::4 234 95 113 0 1 01:24:19 Established
	[MSR02]display bgp routing-table ipv6 // 查看MPBGP路由表
	
	Total number of routes: 4
	
	BGP local router ID is 2.2.2.2
	Status codes: * - valid, > - best, d - dampened, h - history,
	         s - suppressed, S - stale, i - internal, e - external
	         Origin: i - IGP, e - EGP, ? - incomplete
	//由MSR03传递过来的EBGP路由条目，不改变NextHop属性。
	* >i Network : 1::1 PrefixLen : 128
	   NextHop : 2023:6:15:13::1 LocPrf : 100
	   PrefVal : 0 OutLabel : NULL
	   MED : 0
	   Path/Ogn: 100i
	//由MSR04传递过来的IBGP路由条目 4::4/128
	* >i Network : 4::4 PrefixLen : 128
	   NextHop : 2023:6:15:24::4 LocPrf : 100
	   PrefVal : 0 OutLabel : NULL
	   MED : 0
	   Path/Ogn: i
	//由MSR03传递过来的IBGP路由条目 2023:6:15:13::/64。
	* >i Network : 2023:6:15:13:: PrefixLen : 64
	   NextHop : 2023:6:15:23::3 LocPrf : 100
	   PrefVal : 0 OutLabel : NULL
	   MED : 0
	   Path/Ogn: i
	//由MSR04传递过来的IBGP路由条目 2023:6:15:34::/64。
	* >i Network : 2023:6:15:34:: PrefixLen : 64
	   NextHop : 2023:6:15:24::4 LocPrf : 100
	   PrefVal : 0 OutLabel : NULL
	   MED : 0
	   Path/Ogn: i
	[MSR02]

MSR03	[MSR03]display ipv6 interface brief　//查看IPv6接口统计信息 *down: administratively down (s): spoofing Interface Physical Protocol IPv6 Address GigabitEthernet0/0 up up 2023:6:15:13::3 GigabitEthernet0/1 up up 2023:6:15:23::3 GigabitEthernet0/2 up up 2023:6:15:34::3 　[MSR03]

设备名称	验证测试步骤

MSR03	[MSR03]display bgp peer ipv6 //查看BGP对等体信息, 其中MSR01为EBGP对等体, MSR02,MSR04为IBGP全互联对等体
	
	BGP local router ID: 3.3.3.3
	Local AS number: 234
	Total number of peers: 3 Peers in established state: 3
	
	 * – Dynamically created peer
	Peer AS MsgRcvd MsgSent OutQ PrefRcv Up/Down State
	
	2023:6:15:13::1 100 106 107 0 2 01:35:06 Established
	2023:6:15:23::2 234 96 117 0 0 01:29:55 Established
	2023:6:15:34::4 234 94 121 0 1 01:27:19 Established
	
	[MSR03]display bgp routing–table ipv6
	// 查看BGP路由表
	Total number of routes: 5
	
	BGP local router ID is 3.3.3.3
	Status codes: * – valid, > – best, d – dampened, h – history,
	        s – suppressed, S – stale, i – internal, e – external
	        Origin: i – IGP, e – EGP, ? – incomplete
	// 由MSR01传递过来的EBGP路由条目1::1/128, 不改变NextHop属性, Path/Ogn: 100i。
	* >e Network : 1::1 PrefixLen : 128
	    NextHop : 2023:6:15:13::1 LocPrf :
	    PrefVal : 0 OutLabel : NULL
	    MED : 0
	    Path/Ogn: 100i
	// 由MSR04传递过来的IBGP路由条目4::4/128, Path/Ogn: i。
	* >i Network : 4::4 PrefixLen : 128
	    NextHop : 2023:6:15:34::4 LocPrf : 100
	    PrefVal : 0 OutLabel : NULL
	    MED : 0
	    Path/Ogn: i
	
	* > Network : 2023:6:15:13:: PrefixLen : 64
	    NextHop : :: LocPrf :
	    PrefVal : 32768 OutLabel : 0
	    MED : 0
	    Path/Ogn: i

续表

设备名称	验证测试步骤
MSR03	* e Network : 2023:6:15:13:: PrefixLen : 64 　 NextHop : 2023:6:15:13::1　　　　　　　LocPrf　： 　 PrefVal : 0　　　　　　　　　　　　　　OutLabel　: NULL 　 MED　 : 0 　 Path/Ogn: 100i * >i Network : 2023:6:15:34::　　　　　　 PrefixLen : 64 　 NextHop : 2023:6:15:34::4　　　　　　　LocPrf　　: 100 　 PrefVal : 0　　　　　　　　　　　　　　OutLabel　: NULL 　 MED　 : 0 　 Path/Ogn: i [MSR03] [MSR03]display bgp network ipv6 //查看本地发布的路由前缀 　 BGP local router ID: 3.3.3.3 　 Local AS number: 234 　 Network　　　　 PrefixLen　 Route-policy　　 Short-cut 　 2023:6:15:13::　 64　　　　　　　　　　　　 No [MSR03]display bgp paths //查看BGP路径信息 　 RefCount　 MED　　　 Path/Origin 　 1　　　　 0　　　 i 　 2　　　　 0　　　 100i 　 1　　　　 0　　　 i [MSR03]
MSR04	[MSR04]display ipv6 interface brief //查看IPv6接口统计信息 *down: administratively down (s): spoofing Interface　　　　　　　　　　 Physical Protocol IPv6 Address GigabitEthernet0/0　　　　　　　 up　　 up　　 2023:6:15:24::4 GigabitEthernet0/1　　　　　　　 up　　 up　　 2023:6:15:34::4 LoopBack1　　　　　　　　　　 up　　 up(s)　 4::4 [MSR04]display bgp routing-table ipv6 // 查看BGP路由表 Total number of routes: 4 BGP local router ID is 4.4.4.4 Status codes: * - valid, > - best, d - dampened, h - history, 　　　　　 s - suppressed, S - stale, i - internal, e - external 　　　　　 Origin: i - IGP, e - EGP, ? - incomplete

设备名称	验证测试步骤

MSR04	// 由 MSR01 传递过来的 EBGP 路由条目 1::1/128，不改变 NextHop 属性，Path/Ogn: 100i。
	
	* >i Network : 1::1 PrefixLen : 128
	  NextHop : 2023:6:15:13::1 LocPrf : 100
	  PrefVal : 0 OutLabel : NULL
	  MED : 0
	  Path/Ogn: 100i
	
	//本地发布的路由条目 4::4/128，Path/Ogn: i
	* > Network : 4::4 PrefixLen : 128
	  NextHop : ::1 LocPrf :
	  PrefVal : 32768 OutLabel : 0
	  MED : 0
	  Path/Ogn: i
	
	//从 MSR03 传递过来的 iBGP 路由条目 2023:6:15:13::/64,LocPrf 值 100。LocPrf 仅在 iBGP 邻居间传递，Locprf值，越大越优先。
	* >i Network : 2023:6:15:13:: PrefixLen : 64
	  NextHop : 2023:6:15:34::3 LocPrf : 100
	  PrefVal : 0 OutLabel : NULL
	  MED : 0
	  Path/Ogn: i
	
	//始发本地的路由条目 2023:6:15:34::/64，PrefVal 值为 32768，PrefVal 是 BGP 选路规则中的 weight 值。PrefVal 值，仅在本地有意义，不会更新给邻居，不能用于 export 方向。prefval 的值默认 0，越大越优先。它的作用是用来影响出站流量。
	* > Network : 2023:6:15:34:: PrefixLen : 64
	  NextHop : :: LocPrf :
	  PrefVal : 32768 OutLabel : 0
	  MED : 0
	  Path/Ogn: i
	
	[MSR04]display bgp network ipv6
	
	 BGP local router ID: 4.4.4.4
	 Local AS number: 234
	
	 Network PrefixLen Route-policy Short-cut
	 4::4 128 No
	 2023:6:15:34:: 64 No
	 [MSR04]
	[MSR04]ping ipv6 1::1 //测试到 MSR01 的连通性
	Ping6(56 data bytes) 2023:6:15:34::4 --> 1::1, press CTRL+C to break

续表

设备名称	验证测试步骤
MSR04	56 bytes from 1::1, icmp_seq=0 hlim=63 time=5.000 ms 56 bytes from 1::1, icmp_seq=1 hlim=63 time=3.000 ms 56 bytes from 1::1, icmp_seq=2 hlim=63 time=3.000 ms 56 bytes from 1::1, icmp_seq=3 hlim=63 time=3.000 ms 56 bytes from 1::1, icmp_seq=4 hlim=63 time=3.000 ms --- Ping6 statistics for 1::1 --- 5 packet(s) transmitted, 5 packet(s) received, 0.0% packet loss round-trip min/avg/max/std-dev = 3.000/3.400/5.000/0.800 ms [MSR04]%Jun 15 13:38:08:174 2023 MSR04 PING/6/PING_STATISTICS: Ping6 statistics for 1::1: 5 packet(s) transmitted, 5 packet(s) received, 0.0% packet loss, round-trip min/avg/max/std-dev = 3.000/3.400/5.000/0.800 ms. [MSR04]tracert ipv6 1::1 //对MSR01的回环接口1::1/128进行路径跟踪 traceroute to 1::1 (1::1), 30 hops at most, 60 byte packets, press CTRL+C to break 1 2023:6:15:34::3 2.000 ms 1.000 ms 2.000 ms 2 2023:6:15:13::1 6.000 ms 3.000 ms 4.000 ms [MSR04]

（6）抓包分析

① MSR01--MSR03 EBGP对等体建立的过程，如图13.6所示，源地址为MSR01的GigabitEthernet0/0 IPv6 address 2023:6:15:13::1，目的地址为MSR03的GigabitEthernet0/0 IPv6 address 2023:6:15:13::3/64，建立TCP连接，源端口为BGP知名端口：179，目的端口为6720。

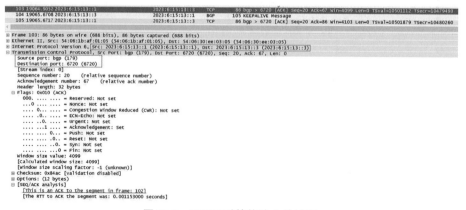

图13.6 EBGP对等体建立的过程

② 封装在TCP连接基础之上的BGPv4 KEEPALIVE Message消息。BGP周

期性地向对等体发送Keepalive消息，以保持会话的有效性，如图13.7所示。

```
104 19065.6708 2023:6:15:13::3          2023:6:15:13::1       BGP    105 KEEPALIVE Message
105 19065.6717 2023:6:15:13::1          2023:6:15:13::3       TCP     86 bgp > 6720 [ACK] Seq=20
<
⊞ Frame 104: 105 bytes on wire (840 bits), 105 bytes captured (840 bits)
⊞ Ethernet II, Src: 54:06:30:ee:03:05 (54:06:30:ee:03:05), Dst: 54:06:1b:af:01:05 (54:06:1b:af:01:05)
⊞ Internet Protocol Version 6, Src: 2023:6:15:13::3 (2023:6:15:13::3), Dst: 2023:6:15:13::1 (2023:6:15:13::1)
⊟ Transmission Control Protocol, Src Port: 6720 (6720), Dst Port: bgp (179), Seq: 67, Ack: 20, Len: 19
    Source port: 6720 (6720)
    Destination port: bgp (179)
    [Stream index: 0]
    Sequence number: 67      (relative sequence number)
    [Next sequence number: 86      (relative sequence number)]
    Acknowledgement number: 20      (relative ack number)
    Header length: 32 bytes
  ⊟ Flags: 0x018 (PSH, ACK)
      000. .... .... = Reserved: Not set
      ...0 .... .... = Nonce: Not set
      .... 0... .... = Congestion Window Reduced (CWR): Not set
      .... .0.. .... = ECN-Echo: Not set
      .... ..0. .... = Urgent: Not set
      .... ...1 .... = Acknowledgement: Set
      .... 1... = Push: Set
      .... .0.. = Reset: Not set
      .... ..0. = Syn: Not set
      .... ...0 = Fin: Not set
    Window size value: 4105
    [calculated window size: 4105]
    [Window size scaling factor: -1 (unknown)]
  ⊞ Checksum: 0x7d79 [validation disabled]
  ⊞ Options: (12 bytes)
  ⊟ [SEQ/ACK analysis]
      [Bytes in flight: 19]
⊟ Border Gateway Protocol
  ⊟ KEEPALIVE Message
      Marker: 16 bytes
      Length: 19 bytes
      Type: KEEPALIVE Message (4)
```

图13.7　EBGPKeepalive消息

③ 由MSR03发给MSR01的BGP Update消息，用于在对等体之间交换路由信息。如图13.8所示。

➢ 从路径属性来看，ORIGIN属性为IGP，标记这条BGP路由是由IGP对等体生成的。

➢ AS_PATH属性记录了某条路由从本地到目的地址所要经过的所有AS号：234。

➢ BGP的NEXT_HOP属性取值不一定是邻居路由器的IP地址，BGP发言者把接收到的IGP路由发送给EBGP对等体时，将该路由信息的NEXT_HOP属性设置为自己与对端连接的接口地址；

➢ 该路由的前缀信息为：4::4/128。

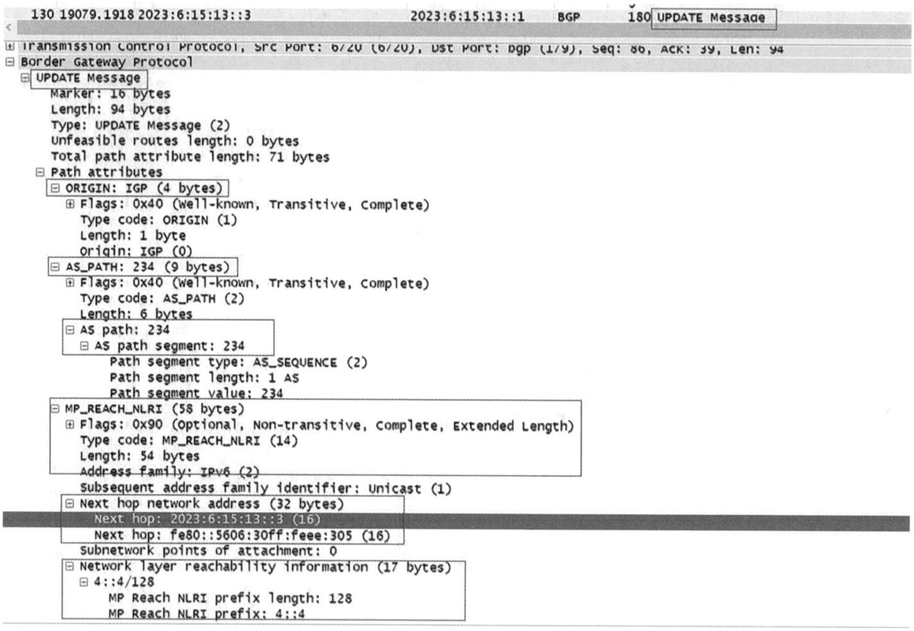

| 130 | 19079.1918 | 2023:6:15:13::3 | | 2023:6:15:13::1 | BGP | 180 | UPDATE Message |

Transmission Control Protocol, Src Port: 6720 (6720), Dst Port: bgp (179), Seq: 86, Ack: 39, Len: 94
Border Gateway Protocol
  UPDATE Message
    Marker: 16 bytes
    Length: 94 bytes
    Type: UPDATE Message (2)
    Unfeasible routes length: 0 bytes
    Total path attribute length: 71 bytes
    Path attributes
      ORIGIN: IGP (4 bytes)
        Flags: 0x40 (Well-known, Transitive, Complete)
        Type code: ORIGIN (1)
        Length: 1 byte
        Origin: IGP (0)
      AS_PATH: 234 (9 bytes)
        Flags: 0x40 (Well-known, Transitive, Complete)
        Type code: AS_PATH (2)
        Length: 6 bytes
        AS path: 234
          AS path segment: 234
            Path segment type: AS_SEQUENCE (2)
            Path segment length: 1 AS
            Path segment value: 234
      MP_REACH_NLRI (58 bytes)
        Flags: 0x90 (Optional, Non-transitive, Complete, Extended Length)
        Type code: MP_REACH_NLRI (14)
        Length: 54 bytes
        Address family: IPv6 (2)
        Subsequent address family identifier: Unicast (1)
        Next hop network address (32 bytes)
          Next hop: 2023:6:15:13::3 (16)
          Next hop: fe80::5606:30ff:feee:305 (16)
        Subnetwork points of attachment: 0
        Network layer reachability information (17 bytes)
          4::4/128
            MP Reach NLRI prefix length: 128
            MP Reach NLRI prefix: 4::4

图 13.8　BGP Update 消息

第14章 IPv6 over IPv4 隧道

14.1 背景知识

14.1.1 隧道技术简介

隧道（Tunnel）是一种封装技术。它利用一种网络协议来传输另一种网络协议，即利用一种网络传输协议，将其他协议产生的数据报文封装在自身的报文中，然后在网络中传输。隧道是一个虚拟的点对点的连接。一个Tunnel提供了一条使封装的数据报文能够传输的通路，并且在一个Tunnel的两端可以分别对数据报文进行封装及解封装。隧道技术就是指包括数据封装、传输和解封装在内的全过程。

隧道技术是IPv6向IPv4过渡的一个重要手段，由于IPv4地址的枯竭和IPv6的先进性，IPv4过渡为IPv6势在必行。因为IPv6与IPv4的不兼容性，所以需要对原有的IPv4设备进行替换。但是IPv4设备大量替换所需成本会非常巨大，且现网运行的业务也会中断，显然并不可行。所以，IPv4向IPv6过渡是一个渐进的过程。在过渡初期，IPv4网络已经大量部署，而IPv6网络只是散落在各地的"孤岛"，IPv6 over IPv4隧道就是通过隧道技术，使IPv6报文在IPv4网络中传输，实现IPv6网络之间的孤岛互连。

14.1.2 IPv6 over IPv4 隧道技术的基本原理

IPv6 over IPv4 隧道技术的基本原理如图14.1所示。

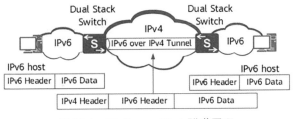

图 14.1　IPv6 over IPv4 隧道原理

① 边界设备启动IPv4/IPv6双协议栈，并配置IPv6 over IPv4隧道。

② 边界设备在收到从IPv6网络侧发来的报文后，如果报文的目的地址不是自身且下一跳出接口为Tunnel接口，就要把收到的IPv6报文作为数据部分，加上IPv4报文头，封装成IPv4报文。

③ 在IPv4网络中，封装后的报文被传递到对端的边界设备。

④ 对端边界设备对报文解封装，去掉IPv4报文头，然后将解封装后的IPv6报文发送到IPv6网络中。

⑤ 一个隧道需要有一个起点和一个终点，起点和终点确定了以后，隧道也就可以确定了。IPv6 over IPv4隧道的起点的IPv4地址必须为手工配置，而终点的确定有手工配置和自动获取两种方式。根据隧道终点的IPv4地址的获取方式不同可以将IPv6 over IPv4隧道分为手动隧道和自动隧道。

14.1.3　IPv6 over IPv4 隧道的类型

手动隧道：手动隧道即边界设备不能自动获得隧道终点的IPv4地址，需要手工配置隧道终点的IPv4地址，报文才能正确发送至隧道终点。

自动隧道：自动隧道即边界设备可以自动获得隧道终点的IPv4地址，所以不需要手工配置终点的IPv4地址，一般的做法是隧道的两个接口的IPv6地址采用内嵌IPv4地址的特殊IPv6地址形式，这样路由设备可以从IPv6报文中的目的IPv6地址中提取出IPv4地址。

1.手动隧道

根据IPv6报文封装的不同，手动隧道又可以分为IPv6 over IPv4手动隧道和IPv6 over IPv4 GRE隧道两种。

① IPv6 over IPv4手动隧道。

手动隧道直接把IPv6报文封装到IPv4报文中去，IPv6报文作为IPv4报文的净载荷。手动隧道的源地址和目的地址也是手工指定的，它提供了一个点到点的连接。手动隧道可以建立在两个边界路由器之间为被IPv4网络分离的IPv6网络提供稳定的连接，或建立在终端系统与边界路由器之间为终端系统访问IPv6网络提供连接。

隧道的边界设备必须支持IPv6/IPv4双协议栈。其他设备只需实现单协议栈即可。因为手动隧道要求在设备上手工配置隧道的源地址和目的地址，如果一个边界设备要与多个设备建立手动隧道，就需要在设备上配置多个隧道，配置比较麻烦。所以手动隧道通常用于两个边界路由器之间，为两个IPv6网络提供连接。

IPv6 over IPv4手动隧道封装格式如图14.2所示。

IPv4 Header	IPv6 Header	IPv6 Data

图14.2　IPv6 over IPv4手动隧道封装格式

IPv6 over IPv4手动隧道转发机制为：当隧道边界设备的IPv6侧收到一个IPv6报文后，根据IPv6报文的目的地址查找IPv6路由转发表，如果该报文是从此虚拟隧道接口转发出去，则根据隧道接口配置的隧道源端和目的端的IPv4地址进行封装。封装后的报文变成一个IPv4报文，交给IPv4协议栈处理。报文通过IPv4网络转发到隧道的终点。隧道终点收到一个隧道协议报文后，进行隧道解封装。并将解封装后的报文交给IPv6协议栈处理。

② IPv6 over IPv4 GRE隧道。

IPv6 over IPv4 GRE隧道使用标准的GRE隧道技术提供了点到点连接服务，需要手工指定隧道的端点地址。GRE隧道本身并不限制被封装的协议和传输协议，一个GRE隧道中被封装的协议可以是协议中允许的任意协议（可以是IPv4、IPv6、OSI、MPLS等）。

IPv6 over IPv4 GRE隧道封装和传输过程如图14.3所示。

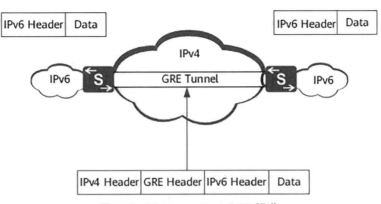

图14.3　IPv6 over IPv4 GRE隧道

IPv6 over IPv4 GRE 隧道，在隧道两端的边界路由器上，传输机制与 IPv6 over IPv4 一致。GRE 隧道的原理请参见《S12700 V200R010C00 配置指南-VPN》GRE 配置。

2.自动隧道

自动隧道中，用户仅需要配置设备隧道的起点，隧道的终点由设备自动生成。为了使设备能够自动产生终点，隧道接口的 IPv6 地址采用内嵌 IPv4 地址的特殊 IPv6 地址形式。设备从 IPv6 报文中的目的 IPv6 地址中解析出 IPv4 地址，然后以这个 IPv4 地址代表的节点作为隧道的终点。

根据 IPv6 报文封装的不同，自动隧道又可以分为 6to4 隧道和 ISATAP 隧道两种。

6to4 隧道也属于一种自动隧道，隧道也是使用内嵌在 IPv6 地址中的 IPv4 地址建立的。与 IPv4 兼容自动隧道不同，6to4 自动隧道支持 Router 到 Router、Host 到 Router、Router 到 Host、Host 到 Host。这是因为 6to4 地址是用 IPv4 地址作为网络标识，其地址格式如图 14.4 所示。

FP 001	TLA 0x0002	IPv4 address	SLA ID	Interface ID
3 bit	13 bit	32 bit	16 bit	64 bit

图 14.4　6to4 地址

FP：可聚合全球单播地址的格式前缀（Format Prefix），其值为 001。

TLA：顶级聚合标识符（Top Level Aggregator），其值为 0x0002。

SLA：站点级聚合标识符（Site Level Aggregator）。

6to4 地址可以表示为 2002::/16，而一个 6to4 网络可以表示为 2002:IPv4 地址::/48。6to4 地址的网络前缀长度为 64bit，其中前 48bit（2002: a.b.c.d）被分配给路由器上的 IPv4 地址决定了，用户不能改变，而后 16 位（SLA）是由用户自己定义的。6to4 隧道的封装和转发过程如图 14.5 所示。

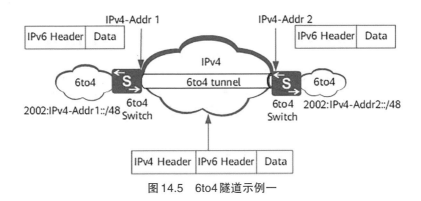

图 14.5　6to4 隧道示例一

一个 IPv4 地址只能用于一个 6to4 隧道的源地址，如果一个边界设备连接了多个 6to4 网络使用同样的 IPv4 地址作为隧道的源地址，则使用 6to4 地址中的 SLA ID 来区分，但他们共用一个隧道。如图 14.6 即上述情况：

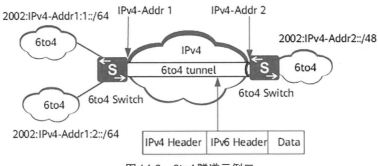

图 14.6　6to4 隧道示例二

14.2　细分知识

隧道技术存在的前提条件：隧道的源端和目的端须确保 IPv4 网络可达。

IPv6 over IPv4 隧道有以下三种模式，各任务之间相互独立，请根据需要选择其一进行配置：

配置 IPv6 over IPv4 手动隧道；

配置 6to4 隧道；

配置 ISATAP 隧道。

14.2.1 配置 6to4 隧道

配置6to4隧道时，请注意以下情况：

创建Tunnel接口，然后才能配置Tunnel的其他参数。

当指定的Tunnel源接口是物理接口时，建议Tunnel的编号与Tunnel的源物理接口的编号相同。

在配置6to4隧道时，只需确定Tunnel的源，Tunnel的目的地址是从原始的IPv6报文的目的地址中获取的。但两个6to4隧道的源不允许相同。

在边界设备与IPv6网络相连的接口上必须配置IPv6地址，在边界设备与IPv4网络相连的接口上必须配置IPv4地址。为了支持动态路由协议，也需要配置Tunnel接口的网络地址。

① 隧道配置任务简介。

表14.1　隧道配置任务简介

配置任务		说明
配置Tunnel接口		必选
配置IPv6 over IPv4隧道	配置IPv6 over IPv4手动隧道	根据组网情况，选择其一
	配置IPv4兼容IPv6自动隧道	
	配置6to4隧道	
	配置ISATAP隧道	

② 配置Tunnel接口。

隧道两端的设备上，需要创建虚拟的三层接口，即Tunnel接口，以便隧道两端的设备利用Tunnel接口发送报文、识别并处理来自隧道的报文。

配置Tunnel接口时，需要注意，主备倒换或备板拔出时，建立在主控板或备板上的隧道接口不会被删除，若再配置相同的隧道接口，系统会提示隧道接口已经存在。如果需要删除隧道接口，请使用undo interface tunnel命令。如表14.2所示。

表14.2　配置Tunnel接口

操作	命令	说明
进入系统视图	system-view	—
创建Tunnel接口，指定隧道模式，并进入Tunnel接口视图	interface tunnel number mode {evi | gre | ipv6-ipv4 [6to4 | auto-tunnel | isatap] }	缺省情况下，设备上不存在任何Tunnel接口创建Tunnel接口时，必须指定隧道的模式；进入已经创建的Tunnel接口视图时，可以不指定隧道模式 在隧道的两端应配置相同的隧道模式，否则可能造成报文传输失败
（可选）关闭Tunnel接口	shutdown	—

14.2.2　配置IPv6 over IPv4手动隧道

➢　配置步骤

配置IPv6 over IPv4手动隧道时，需要注意：

① 在本端设备上为隧道指定的目的端地址，应该与在对端设备上为隧道指定的源端地址相同；在本端设备上为隧道指定的源端地址，应该与在对端设备上为隧道指定的目的端地址相同。

② 在同一台设备上，隧道模式相同的Tunnel接口建议不要同时配置完全相同的源端地址和目的端地址。

③ 如果封装前IPv6报文的目的IPv6地址与Tunnel接口的IPv6地址不在同一个网段，则必须配置通过Tunnel接口到达目的IPv6地址的转发路由，以便需要进行封装的报文能正常转发。用户可以配置静态路由，指定到达目的IPv6地址的路由出接口为本端Tunnel接口或下一跳为对端Tunnel接口地址。用户也可以配置动态路由，在Tunnel接口使能动态路由协议。如表14.3所示。

表14.3　配置IPv6 over IPv4手动隧道

操作	命令	说明
进入系统视图	system-view	—
进入接口视图	interface tunnel number [mode ipv6-ipv4]	—
设置Tunnel接口的IPv6地址	详细配置方法，请参见"三层技术–IP业务配置指导"中的"IPv6基础"	缺省情况下，Tunnel接口上不存在IPv6地址

续表

操作	命令	说明
设置隧道的源端地址或源接口	source {ip-address|inter-face-type interface-number}	缺省情况下,没有设置隧道的源端地址和源接口。如果设置的是隧道的源端地址,则该地址将作为封装后隧道报文的源IP地址;如果设置的是隧道的源接口,则该接口的主IP地址将作为封装后隧道报文的源IP地址
设置隧道的目的端地址	destination ip-address	缺省情况下,没有设置隧道的目的端地址。隧道的目的端地址是对端接收报文的接口的地址,该地址将作为封装后隧道报文的目的地址
退回系统视图	quit	—

14.3　项目部署与任务分解

项目一：探究 IPv6 over IPv4 手动隧道的应用

【项目简介】

① 在H3C Cloud Lab HCL实验平台上，拉取两台路由器MSR36-20以及一台交换机S5820V2-54QS，按照网络拓扑图以及网络设备连接表完成对相应的网络设备以及端口的连接。

② 两台路由器分别命名为MSR01，MSR02，交换机命名为SWITCH，它们之间的互联接口构建成IPv4传统网络，以RIP Version 2路由协议互联。

③ MSR01 的 GE_0/0 口开启IPv6协议栈，打开IPv6前缀通告信息，将Host_1主机的VirtualBox Host-Only Network带入到IPv6网络。

④ MSR01，MSR02配置IPv6 over IPv4手动隧道，配置回环接口的IPv6地址，用于测试。将MSR01，MSR02的隧道接口，回环接口以及MSR01的GE_0/0接口在RIPNG路由协议进程中发布，实现IPv6互联。

【任务分解】

配置IPv6 over IPv4手动隧道时，需要注意：

➤ 在本端设备上为隧道指定的目的端地址，应该与在对端设备上为隧道指定的源端地址相同；在本端设备上为隧道指定的源端地址，应该与在对端设备上为隧道指定的目的端地址相同。

➤ 在同一台设备上，隧道模式相同的Tunnel接口建议不要同时配置完全相同的源端地址和目的端地址。

> 如果封装前 IPv6 报文的目的 IPv6 地址与 Tunnel 接口的 IPv6 地址不在同一个网段，则必须配置通过 Tunnel 接口到达目的 IPv6 地址的转发路由，以便需要进行封装的报文能正常转发。

> 用户可以配置静态路由，指定到达目的 IPv6 地址的路由出接口为本端 Tunnel 接口或下一跳为对端 Tunnel 接口地址。

（1）网络拓扑图

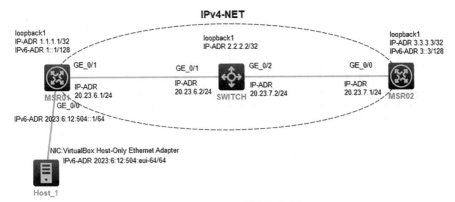

图 14.7　项目一网络拓扑图

（2）网络设备连接表

表 14.4　项目一网络设备连接表

网络设备名称	接口	网络设备名称	接口
SWITCH	GE_0/1	MSR01	GE_0/1
SWITCH	GE_0/2	MSR02	GE_0/0
MSR01	GE_0/0	Host_1	VirtualBox Host-Only Network

（3）数据规划表

表 14.5　项目一数据规划表

网络设备名称	接口类型与编号	IPv6/IPv4 地址
MSR01	LoopBack1	1::1/1281.1.1.1/32
	GigabitEthernet0/0	2023:6:12:504::1/64
	GigabitEthernet0/1	20.23.6.1/24
	Tunnel1	mode ipv6-ipv4
SWITCH	LoopBack1	2.2.2.2/32
	Vlan-interface1000	20.23.6.2/24
	Vlan-interface1001	20.23.7.2/24

网络设备名称	接口类型与编号	IPv6/IPv4地址
MSR02	LoopBack1	3.3.3.3/323::3/128
	GigabitEthernet0/0	20.23.7.1/24
	Tunnel1	mode ipv6-ipv4
Host_1	VirtualBox Host-Only Network	2023:6:12:504:eui-64/64

（4）网络设备配置

表14.6　项目一网络设备配置

设备名称	相关配置
MSR01	[MSR01]display current-configuration # sysname MSR01 # rip 1　//启动RIP路由协议进程号为1 undo summary　//关闭RIP自动汇总 version 2　//将RIP的版本号设置为version 2 network 20.23.6.0 0.0.0.255　//发布与SWITCH互联接口所在的网段 # ripng 1　//启动RIPNG路由协议进程号为1 # interface LoopBack1 ip address 1.1.1.1 255.255.255.255 rip 1 enable　//在接口上调用RIP Process 1 ipv6 address 1::1/128 ripng 1 enable　//在接口上调用RIPNG Process 1 # interface GigabitEthernet0/0 ipv6 address 2023:6:12:504::1/64 undo ipv6 nd ra halt　//开启IPv6 RA前缀通告 ripng 1 enable　//在接口上调用RIPNG Process 1 # interface GigabitEthernet0/1 ip address 20.23.6.1 255.255.255.0 rip 1 enable//在接口上调用RIP Process 1 # interface Tunnel1 mode ipv6-ipv4 //创建Tunnel接口,模式为ipv6-ipv4 source 20.23.6.1　//指定隧道的源地址 destination 20.23.7.1 //指定隧道的目的地址 ipv6 address auto link-local　//自动生成IPv6链路本地地址 ripng 1 enable //在隧道接口上调用RIP Process 1 # [MSR01]

设备名称	相关配置
SWITCH	[SWITCH]display current-configuration # sysname SWITCH # rip 1　　//启动RIP路由协议进程号为1 undo summary　//关闭RIP自动汇总 version 2　//将RIP的版本号设置为version 2 network 20.23.6.0 0.0.0.255 //发布与MSR01互联接口所在的网段 network 20.23.7.0 0.0.0.255 //发布与MSR02互联接口所在的网段 # vlan 1 # vlan 1000 to 1001 # interface LoopBack1 ip address 2.2.2.2 255.255.255.255 rip 1 enable //在接口上调用RIP Process 1 # interface Vlan-interface1000 ip address 20.23.6.2 255.255.255.0 rip 1 enable //在接口上调用RIP Process 1 # interface Vlan-interface1001 ip address 20.23.7.2 255.255.255.0 rip 1 enable //在接口上调用RIP Process 1 # interface GigabitEthernet1/0/1 port access vlan 1000 //将对应的端口划入到相应的VLAN内 # interface GigabitEthernet1/0/2 port access vlan 1001 //将对应的端口划入到相应的VLAN内 #
MSR02	[MSR02]display current-configuration # sysname MSR02 # rip 1 //启动RIP路由协议进程号为1 undo summary //关闭RIP自动汇总 version 2　//将RIP的版本号设置为version 2 network 20.23.7.0 0.0.0.255 //发布与SWITCH互联接口所在的网段 #

续表

设备名称	相关配置
MSR02	ripng 1　　//启动RIPNG路由协议进程号为1 # interface LoopBack1 　ip address 3.3.3.3 255.255.255.255 　rip 1 enable　//在接口上调用RIP Process 1 　ipv6 address 3::3/128 //配置回环接口的IPv6地址 　ripng 1 enable　//在接口上调用RIPNG Process 1 # interface GigabitEthernet0/0 ip address 20.23.7.1 255.255.255.0 　rip 1 enable //在接口上调用RIP Process 1 # interface Tunnel1 mode ipv6-ipv4 //创建Tunnel接口,模式为ipv6-ipv4 　source 20.23.7.1 //指定隧道的源地址 　destination 20.23.6.1 //指定隧道的目的地址 　ipv6 address auto link-local //自动生成IPv6链路本地地址 　ripng 1 enable　//在隧道接口上调用RIP Process 1 # return [MSR02]

（5）验证测试

表14.7　验证测试步骤

设备名称	验证测试步骤
MSR01	[MSR01]display ip interface brief //查看ipv4接口统计信息 *down: administratively down (s): spoofing　(l): loopback Interface　　　　Physical Protocol IP address/Mask　　VPN instance Description GE_0/0　　　　　up　　　up　　　--　　　　　　　　　--　　　　　-- GE_0/1　　　　　up　　　up　　　20.23.6.1/24　　　--　　　　　-- Loop1　　　　　up　　　up(s)　1.1.1.1/32　　　　--　　　　　-- Tun1　　　　　　up　　　up　　　--　　　　　　　　　--　　　　　-- [MSR01]display ip routing-table //查看ipv4路由表 Destinations : 14　　　Routes : 14 Destination/Mask　Proto　　Pre Cost　　　　NextHop　　　Interface 0.0.0.0/32　　　　Direct　0　　0　　　　127.0.0.1　　InLoop0 1.1.1.1/32　　　　Direct　0　　0　　　　127.0.0.1　　InLoop0 2.2.2.2/32　　　　RIP　　100 1　　　　20.23.6.2　　GE0/1 3.3.3.3/32　　　　RIP　　100 2　　　　20.23.6.2　　GE0/1

续表

设备名称	验证测试步骤
MSR01	20.23.6.0/24 Direct 0 0 20.23.6.1 GE_0/1 20.23.6.1/32 Direct 0 0 127.0.0.1 InLoop0 20.23.6.255/32 Direct 0 0 20.23.6.1 GE_0/1 20.23.7.0/24 RIP 100 1 20.23.6.2 GE_0/1 [MSR01]display ipv6 interface brief //查看ipv6接口统计信息 *down: administratively down (s): spoofing Interface Physical Protocol IPv6 Address GigabitEthernet0/0 up up 2023:6:12:504::1 GigabitEthernet0/1 up up Unassigned LoopBack1 up up(s) 1::1 Tunnel1 up up FE80::1417:601 [MSR01]display ipv6 routing-table //查看ipv6路由表 Destinations : 7 Routes : 7 Destination: ::1/128 Protocol : Direct NextHop : ::1 Preference: 0 Interface : InLoop0 Cost : 0 Destination: 1::1/128 Protocol : Direct NextHop : ::1 Preference: 0 Interface : InLoop0 Cost : 0 Destination: 3::3/128 Protocol : RIPNG NextHop : FE80::1417:701 Preference: 100 Interface : Tun1 Cost : 1 Destination: 2023:6:12:504::/64 Protocol : Direct NextHop : :: Preference: 0 Interface : GE_0/0 Cost : 0 Destination: 2023:6:12:504::1/128 Protocol : Direct NextHop : ::1 Preference: 0 Interface : InLoop0 Cost : 0 Destination: FE80::/10 Protocol : Direct NextHop : :: Preference: 0 Interface : InLoop0 Cost : 0 Destination: FF00::/8 Protocol : Direct NextHop : :: Preference: 0 Interface : NULL0 Cost : 0

设备名称	验证测试步骤
MSR01	[MSR01]display interface Tunnel 1 //查看ipv6-ipv4隧道接口的详细信息 Tunnel1 Current state: UP Line protocol state: UP Description: Tunnel1 Interface Bandwidth: 64 kbps Maximum transmission unit: 1480 Internet protocol processing: Disabled Tunnel source 20.23.6.1, destination 20.23.7.1 Tunnel TTL 255 Tunnel protocol/transport IPv6/IP //隧道模式为ipv6-ipv4 Output queue – Urgent queuing: Size/Length/Discards 0/1024/0 Output queue – Protocol queuing: Size/Length/Discards 0/500/0 Output queue – FIFO queuing: Size/Length/Discards 0/75/0 Last clearing of counters: Never Last 300 seconds input rate: 3 bytes/sec, 24 bits/sec, 0 packets/sec Last 300 seconds output rate: 3 bytes/sec, 24 bits/sec, 0 packets/sec Input: 163 packets, 15320 bytes, 0 drops Output: 169 packets, 17460 bytes, 0 drops
SWITCH	[SWITCH]display ip interface brief //查看ipv4接口统计信息 *down: administratively down (s): spoofing (l): loopback Interface Physical Protocol IP Address Description Loop1 up up(s) 2.2.2.2 -- MGE0/0/0 down down -- -- Vlan1000 up up 20.23.6.2 -- Vlan1001 up up 20.23.7.2 -- [SWITCH]display ip routing-table //查看ipv4路由表 Destinations : 19 Routes : 19 Destination/Mask Proto Pre Cost NextHop Interface 0.0.0.0/32 Direct 0 0 127.0.0.1 InLoop0 1.1.1.1/32 RIP 100 1 20.23.6.1 Vlan1000 2.2.2.2/32 Direct 0 0 127.0.0.1 InLoop0 3.3.3.3/32 RIP 100 1 20.23.7.1 Vlan1001 20.23.6.0/24 Direct 0 0 20.23.6.2 Vlan1000 20.23.6.0/32 Direct 0 0 20.23.6.2 Vlan1000 20.23.6.2/32 Direct 0 0 127.0.0.1 InLoop0 20.23.6.255/32 Direct 0 0 20.23.6.2 Vlan1000 20.23.7.0/24 Direct 0 0 20.23.7.2 Vlan1001 20.23.7.0/32 Direct 0 0 20.23.7.2 Vlan1001 20.23.7.2/32 Direct 0 0 127.0.0.1 InLoop0 20.23.7.255/32 Direct 0 0 20.23.7.2 Vlan1001

续表

设备名称	验证测试步骤
MSR02	[MSR02]display ip interface brief //查看ipv4接口的统计信息 *down: administratively down (s): spoofing (l): loopback Interface Physical Protocol IP address/Mask VPN instance Description GE_0/0 up up 20.23.7.1/24 -- -- Loop1 up up(s) 3.3.3.3/32 -- -- Tun1 up up -- -- -- [MSR02]display ip routing-table //查看ipv4路由表 Destinations : 14 Routes : 14 Destination/Mask Proto Pre Cost NextHop Interface 0.0.0.0/32 Direct 0 0 127.0.0.1 InLoop0 1.1.1.1/32 RIP 100 2 20.23.7.2 GE_0/0 2.2.2.2/32 RIP 100 1 20.23.7.2 GE_0/0 3.3.3.3/32 Direct 0 0 127.0.0.1 InLoop0 20.23.6.0/24 RIP 100 1 20.23.7.2 GE_0/0 20.23.7.0/24 Direct 0 0 20.23.7.1 GE_0/0 20.23.7.1/32 Direct 0 0 127.0.0.1 InLoop0 20.23.7.255/32 Direct 0 0 20.23.7.1 GE_0/0 [MSR02]display ipv6 interface brief //查看ipv6接口统计信息 *down: administratively down (s): spoofing Interface Physical Protocol IPv6 Address GigabitEthernet0/0 up up Unassigned LoopBack1 up up(s) 3::3 Tunnel1 up up FE80::1417:701 [MSR02]display ipv6 routing-table //查看ipv6路由表 Destinations : 6 Routes : 6 Destination: ::1/128 Protocol : Direct NextHop : ::1 Preference: 0 Interface : InLoop0 Cost : 0 Destination: 1::1/128 Protocol : RIPNG NextHop : FE80::1417:601 Preference: 100 Interface : Tun1 Cost : 1 // 隧道路由已经生效 Destination: 3::3/128 Protocol : Direct NextHop : ::1 Preference: 0 Interface : InLoop0 Cost : 0

设备名称	验证测试步骤

MSR02	Destination: 2023:6:12:504::/64 Protocol : RIPNG
	NextHop : FE80::1417:601 Preference: 100
	Interface : Tun1 Cost : 1
	// 隧道路由已经生效
	
	[MSR02]display interface Tunnel 1 //查看ipv6-ipv4隧道接口的详细信息
	Tunnel1
	Current state: UP
	Line protocol state: UP
	Description: Tunnel1 Interface
	Bandwidth: 64 kbps
	Maximum transmission unit: 1480
	Internet protocol processing: Disabled
	Tunnel source 20.23.7.1, destination 20.23.6.1
	Tunnel TTL 255
	Tunnel protocol/transport IPv6/IP
	//隧道模式为ipv6-ipv4

Host_1	C:\Users\Administrator>ipconfig
	
	Windows IP 配置
	
	以太网适配器 VirtualBox Host-Only Network:
	// Host_1 VirtualBox Host-Only Network 无状态地址配置
	连接特定的 DNS 后缀 . . . . :
	IPv6 地址 . . . . : 2023:6:12:504:503b:742d:9858:4558
	临时 IPv6 地址 . . . . : 2023:6:12:504:a468:1d97:4ec7:aab7
	本地链接 IPv6 地址 . . . . : fe80::503b:742d:9858:4558%7
	IPv4 地址 . . . . : 192.168.56.107
	子网掩码 . . . . : 255.255.255.0
	默认网关 . . . . : fe80::4450:6cff:fe47:105%7
	
	C:\Users\Administrator>ping 3::3
	// 对MSR02回环接口进行icmp6 ping测试
	正在 Ping 3::3 具有 32 字节的数据:
	来自 3::3 的回复: 时间=3ms
	来自 3::3 的回复: 时间=3ms
	来自 3::3 的回复: 时间=3ms
	来自 3::3 的回复: 时间=3ms
	
	C:\Users\Administrator>tracert 3::3
	// 对MSR02回环接口进行icmp6 TRACERT测试
	
	通过最多 30 个跃点跟踪到 3::3 的路由
	
	1 <1 ms <1 ms <1 ms 2023:6:12:504::1
	2 3 ms 3 ms 3 ms 3::3
	跟踪完成。
	C:\Users\Administrator>

（6）抓包分析

① 对MSR01的GE_0/1抓包分析，由Host_1主机的源地址2023:6:12:504:a468:1d97:4ec7:aab7发起对MRS02的回环接口地址3::3的ICMPv6 echo（ping）request请求。封装类型为MSR01-MSR02的IPv6 over IPv4手动隧道。如图14.8所示。

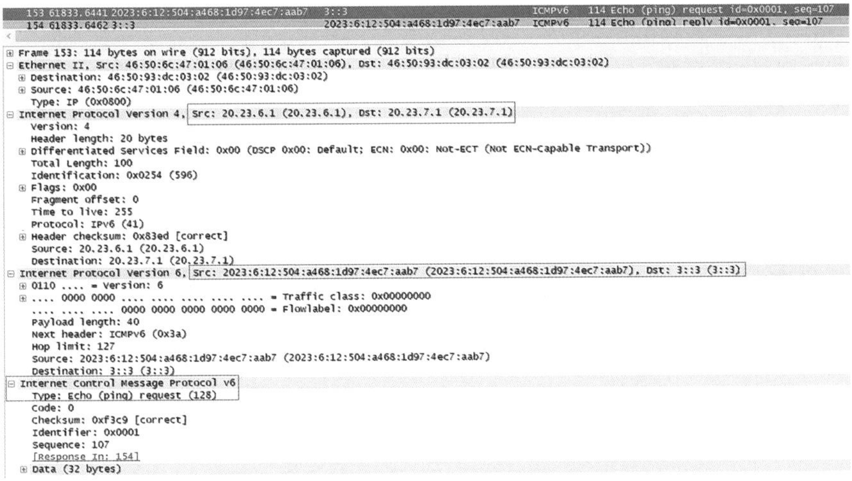

图14.8　ICMPv6 echo（ping）request请求

② 对MSR01的GE_0/1抓包分析，由MRS02的回环接口地址3::3对Host_1主机的源地址2023:6:12:504:a468:1d97:4ec7:aab7的ICMPv6的echo（ping）reply回应。封装类型为MSR02-MSR01的IPv6 over IPv4手动隧道，如图14.9所示。

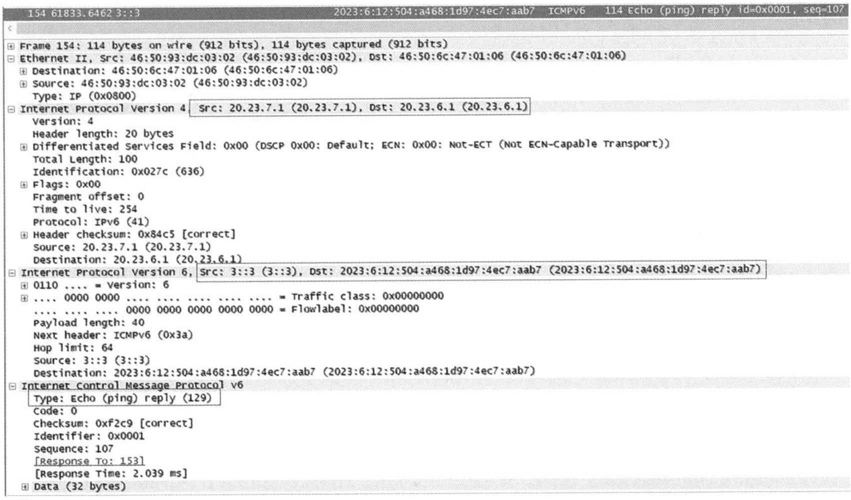

图14.9　ICMPv6的echo（ping）reply回应

③ 封装在隧道里的 RIPNG UDP521 端口的协议报文，携带了 MSR01 的 loopback1 关联的 IPv6 前缀信息 1::1 以及 GE_0/0 关联的 IPv6 前缀信息 2023:6: 12:504::/64，如图 14.10 所示。

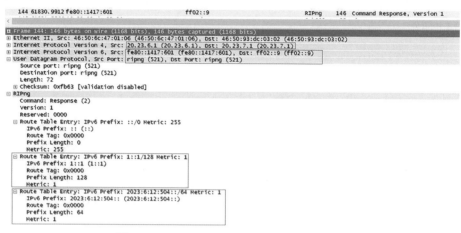

图 14.10　RIPNG UDP521 端口的协议报文 1

④ 封装在隧道里的 RIPNG UDP521 端口的协议报文，携带了 MSR02 的 loopback1 关联的 IPv6 前缀信息 3::3。如图 14.11 所示。

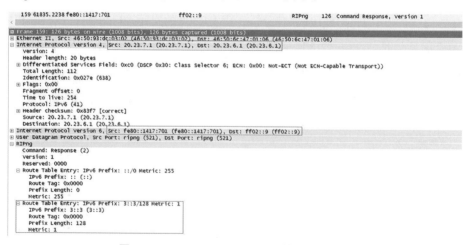

图 14.11　RIPNG UDP521 端口的协议报文 2

项目二：探究 6to4 隧道

【项目简介】

① 在 H3C Cloud Lab HCL 实验平台上，拉取两台路由器 MSR36-20 以及

一台交换机S5820V2-54QS，按照网络拓扑图以及网络设备连接表完成对相应的网络设备以及端口的连接。

② 两台路由器分别命名为MSR01，MSR02，交换机命名为SWITCH,它们之间的互联接口构建成IPv4传统网络，以RIP Version2路由协议互联。

③ MSR01 的 GE_0/0 口开启 IPv6 协议栈，打开 IPv6 前缀通告信息，将 Host_1 主机的 VirtualBox Host-Only Network 带入到 IPv6 网络。

④ MSR01，MSR02配置6to4自动隧道，配置回环接口的IPv6地址，用于测试。在MSR01，MSR02上配置相应的6to4隧道路由，实现IPv6网络互联互通。

【任务分解】

配置6to4隧道时，需要注意：

➤ 6to4隧道不需要配置隧道的目的端地址，因为隧道的目的端地址可以通过6to4 IPv6地址中嵌入的IPv4地址自动获得。

➤ 对于自动隧道，隧道模式相同的Tunnel接口建议不要同时配置完全相同的源端地址。

➤ 如果封装前IPv6报文的目的IPv6地址与Tunnel接口的IPv6地址不在同一个网段，则必须配置通过Tunnel接口到达目的IPv6地址的转发路由，以便需要进行封装的报文能正常转发。对于自动隧道，用户只能配置静态路由，指定到达目的IPv6地址的路由出接口为本端Tunnel接口或下一跳为对端Tunnel接口地址，不支持动态路由。

（1）配置思路

为了实现6to4网络之间的互通，除了配置6to4隧道外，还需要为6to4网络内的主机及6to4 Router配置6to4地址。

① MSR01上接口GE_0/1的IPv4地址为20.23.6.1/24，转换成6to4地址后的前缀为2002:1417:601:: /64，Host_1的地址必须使用该前缀。

② MSR02上接口GE_0/0的IPv4地址为20.23.7.1/24，转换成6to4地址后的前缀为2002:1417:701:: /64，MSR02上LoopBack1接口必须使用该前缀。

③ MSR01，MSR02上配置隧道路由，以便进行隧道封装并转发。

（2）网络拓扑图

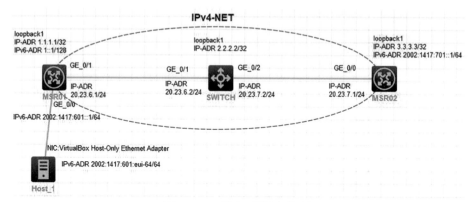

图14.12　项目二网络拓扑图

（3）网络设备连接表

表14.8　项目二网络设备连接表

网络设备名称	接口	网络设备名称	接口
SWITCH	GE_0/1	MSR01	GE_0/1
SWITCH	GE_0/2	MSR02	GE_0/0
MSR01	GE_0/0	Host_1	VirtualBox Host−Only Network

（4）数据规划表

表14.9　项目二数据规划表

网络设备名称	接口类型与编号	IPv6/IPv4地址
MSR01	LoopBack1	1::1/128 1.1.1.1/32
	GigabitEthernet0/0	2002:1417:601::1/64
	GigabitEthernet0/1	20.23.6.1/24
	Tunnel1	mode ipv6-ipv4 6to4
SWITCH	LoopBack1	2.2.2.2/32
	Vlan−interface1000	20.23.6.2/24
	Vlan−interface1001	20.23.7.2/24
MSR02	LoopBack1	3.3.3.3/32 2002:1417:701::1/64
	GigabitEthernet0/0	20.23.7.1/24
	Tunnel1	ipv6−ipv4 6to4
Host_1	VirtualBox Host−Only Network	2002:1417:601::eui−64/64

（5）网络设备配置

表14.10　项目二网络设备配置

设备名称	相关配置

MSR01	[MSR01]display current-configuration
	#
	　sysname MSR01
	#
	rip 1
	　undo summary
	　version 2
	　network 20.23.6.0 0.0.0.255
	//配置IPv4网络路由协议RIP V2,启用版本2,关闭自动汇总,发布互联接口所在的IPv4网络。
	#
	interface LoopBack1
	　ip address 1.1.1.1 255.255.255.255
	　rip 1 enable
	　ipv6 address 1::1/128
	//配置回环接口的IPv6、IPv4地址,并在接口上引用RIP 进程1
	#
	interface GigabitEthernet0/0
	　ipv6 address 2002:1417:601::1/64
	　undo ipv6 nd ra halt
	//配置接口的IPv6地址,打开IPv6前缀通告
	#
	interface GigabitEthernet0/1
	　ip address 20.23.6.1 255.255.255.0
	　rip 1 enable
	//配置接口IPv4地址,在接口上开启RIP进程
	#
	interface Tunnel1 mode ipv6-ipv4 6to4
	　source 20.23.6.1
	　ipv6 address auto link-local
	//配置隧道接口的类型为6to4隧道,指定隧道接口的源地址,自动生成链路本地地址,6to4隧道的隧道目的地址,从匹配隧道路由的报文IPv6目的地址中提取IPv4地址作为隧道目的地址。
	#
	ipv6 route-static 2002:: 16 Tunnel1
	//配置通过Tunnel接口到达目的IPv6网络的转发路由,以便进行隧道封装并转发
	#
	return
	[MSR01]

设备名称	相关配置

SWITCH	[SWITCH]display current-configuration
	#
	 sysname SWITCH
	#
	rip 1
	 undo summary
	 version 2
	 network 20.23.6.0 0.0.0.255
	 network 20.23.7.0 0.0.0.255
	//配置 IPv4 网络路由协议 RIP V2, 关闭自动汇总, 发布与 MSR01, MSR02 互联接口所在的 IPv4 网段
	#
	vlan 1
	#
	vlan 1000 to 1001
	//创建互联 VLAN
	#
	interface LoopBack1
	 ip address 2.2.2.2 255.255.255.255
	 rip 1 enable //在接口上开启 RIP 进程
	#
	interface Vlan-interface1000
	 ip address 20.23.6.2 255.255.255.0
	 rip 1 enable //在接口上开启 RIP 进程
	#
	interface Vlan-interface1001
	 ip address 20.23.7.2 255.255.255.0
	 rip 1 enable
	//为接口配置 IPv4 地址, 以便 IPv4 网络互联
	#
	interface GigabitEthernet1/0/1
	port access vlan 1000 //将互联端口划入相应的 VLAN
	#//将互联端口划入相应的 VLAN
	interface GigabitEthernet1/0/2
	 port access vlan 1001 //将互联端口划入相应的 VLAN
	#

MSR02	[MSR02]display current-configuration # sysname MSR02 # rip 1 undo summary

设备名称	相关配置

MSR02	version 2
	 network 20.23.7.0 0.0.0.255
	//配置IPv4网络路由协议RIP V2,启用版本2,关闭自动汇总,发布互联接口所在的IPv4网段
	#
	interface LoopBack1
	 ip address 3.3.3.3 255.255.255.255
	 rip 1 enable
	 ipv6 address 2002:1417:701::1/64
	//配置回环接口的IPv6、IPv4地址,并在接口上引用RIP进程1
	#
	interface GigabitEthernet0/0
	 ip address 20.23.7.1 255.255.255.0
	 rip 1 enable //配置互联接口IPv4地址,在接口上开启RIP进程
	#
	interface Tunnel1 mode ipv6-ipv4 6to4
	 source 20.23.7.1
	 ipv6 address auto link-local
	//配置隧道接口的类型为6to4隧道,指定隧道接口的源地址,自动生成链路本地地址,6to4隧道的隧道目的地址,从匹配隧道路由的报文IPv6目的地址中提取IPv4地址作为隧道目的地址。
	#
	 ipv6 route-static 2002:: 16 Tunnel1
	//配置通过Tunnel接口到达目的IPv6网络的转发路由,以便进行隧道封装并转发。
	#
	return
	[MSR02]

（6）验证测试

表14.11　项目二验证测试步骤

设备名称	验证测试步骤
MSR01	[MSR01]display ip interface brief //IPv4网络接口统计信息 *down: administratively down (s): spoofing (l): loopback <table><tr><td>Interface</td><td>Physical</td><td>Protocol</td><td>IP address/Mask</td><td>VPN instance</td><td>Description</td></tr><tr><td>GE_0/0</td><td>up</td><td>up</td><td>--</td><td>--</td><td>--</td></tr><tr><td>GE_0/1</td><td>up</td><td>up</td><td>20.23.6.1/24</td><td>--</td><td>--</td></tr><tr><td>Loop1</td><td>up</td><td>up(s)</td><td>1.1.1.1/32</td><td>--</td><td>--</td></tr><tr><td>Tun1</td><td>up</td><td>up</td><td>--</td><td>--</td><td>--</td></tr></table>

设备名称	验证测试步骤
MSR01	[MSR01]display ip routing-table //IPv4网络路由表 Destinations : 14　　　Routes : 14 Destination/Mask　Proto　Pre Cost　　NextHop　　Interface 0.0.0.0/32　　　　Direct　0　　0　　127.0.0.1　　InLoop0 1.1.1.1/32　　　　Direct　0　　0　　127.0.0.1　　InLoop0 2.2.2.2/32　　　　RIP　100 1　　20.23.6.2　　GE0/1 3.3.3.3/32　　　　RIP　100 2　　20.23.6.2　　GE0/1 20.23.6.0/24　　　Direct　0　　0　　20.23.6.1　　GE0/1 20.23.6.1/32　　　Direct　0　　0　　127.0.0.1　　InLoop0 20.23.6.255/32　　Direct　0　　0　　20.23.6.1　　GE0/1 20.23.7.0/24　　　RIP　100 1　　20.23.6.2　　GE0/1 [MSR01]display ipv6 interface brief //查看IPv6接口统计信息 *down: administratively down (s): spoofing Interface　　　　　　　　　Physical Protocol IPv6 Address GigabitEthernet0/0　　　　up　　　up　　　2002:1417:601::1 GigabitEthernet0/1　　　　up　　　up　　　Unassigned LoopBack1　　　　　　　up　　　up(s)　　1::1 Tunnel1　　　　　　　　up　　　up　　　FE80::1417:601 [MSR01]display ipv6 routing-table Destination: 2002::/16　　　　　　　Protocol ：Static NextHop　：::　　　　　　　　　　Preference: 60 Interface ：Tun1　　　　　　　　　Cost　　：0 // Destination: 2002::/16的隧道路由已生效 Destination: 2002:1417:601::/64　　　Protocol ：Direct NextHop　：::　　　　　　　　　　Preference: 0 Interface ：GE_0/0　　　　　　　　Cost　　：0 Destination: 2002:1417:601::1/128　　Protocol ：Direct NextHop　：::1　　　　　　　　　　Preference: 0 Interface ：InLoop0　　　　　　　　Cost　　：0 [MSR01]display interface Tunnel main Tunnel1 Current state: UP Line protocol state: UP Description: Tunnel1 Interface Bandwidth: 64 kbps Maximum transmission unit: 1480 Internet protocol processing: Disabled Tunnel source 20.23.6.1 //指定隧道接口的源地址 Tunnel TTL 255 Tunnel protocol/transport IPv6/IP 6to4

设备名称	验证测试步骤
MSR01	// Tunnel模式为 6to4隧道 Output queue − Urgent queuing: Size/Length/Discards 0/1024/0 Output queue − Protocol queuing: Size/Length/Discards 0/500/0 Output queue − FIFO queuing: Size/Length/Discards 0/75/0 Last clearing of counters: Never Last 300 seconds input rate: 0 bytes/sec, 0 bits/sec, 0 packets/sec Last 300 seconds output rate: 0 bytes/sec, 0 bits/sec, 0 packets/sec Input: 287 packets, 23248 bytes, 0 drops Output: 289 packets, 23408 bytes, 1 drops [MSR01]
SWITCH	[SWITCH]display ip interface brief //IPv4网络的接口统计信息 *down: administratively down (s): spoofing (l): loopback Interface　　　　　Physical Protocol IP Address　　Description Loop1　　　　　　　up　　　up(s)　　2.2.2.2　　　　−− MGE0/0/0　　　　　down　　down　　−−　　　　　−− Vlan1000　　　　　up　　　up　　　20.23.6.2　　　−− Vlan1001　　　　　up　　　up　　　20.23.7.2　　　−− [SWITCH]display ip routing−table //IPv4网络路由表 Destinations : 19　　　Routes : 19 Destination/Mask　Proto　Pre Cost　　　NextHop　　　Interface 0.0.0.0/32　　　　Direct　0　0　　　　127.0.0.1　　InLoop0 1.1.1.1/32　　　　RIP　　100 1　　　　20.23.6.1　　Vlan1000 2.2.2.2/32　　　　Direct　0　0　　　　127.0.0.1　　InLoop0 3.3.3.3/32　　　　RIP　　100 1　　　　20.23.7.1　　Vlan1001 20.23.6.0/24　　　Direct　0　0　　　　20.23.6.2　　Vlan1000 20.23.6.0/32　　　Direct　0　0　　　　20.23.6.2　　Vlan1000 20.23.6.2/32　　　Direct　0　0　　　　127.0.0.1　　InLoop0 20.23.6.255/32　　Direct　0　0　　　　20.23.6.2　　Vlan1000 20.23.7.0/24　　　Direct　0　0　　　　20.23.7.2　　Vlan1001 20.23.7.0/32　　　Direct　0　0　　　　20.23.7.2　　Vlan1001 20.23.7.2/32　　　Direct　0　0　　　　127.0.0.1　　InLoop0 20.23.7.255/32　　Direct　0　0　　　　20.23.7.2　　Vlan1001 [SWITCH]
MSR02	[MSR02]display ip interface brief //IPv4网络的接口统计信息 *down: administratively down (s): spoofing (l): loopback Interface　　　Physical Protocol IP address/Mask　VPN instance Description GE_0/0　　　　up　　　up　　　20.23.7.1/24　　−−　　　　−− Loop1　　　　　up　　　up(s)　3.3.3.3/32　　　−−　　　　−− Tun1　　　　　up　　　up　　　−−　　　　　　−−　　　　−−

续表

设备名称	验证测试步骤

MSR02	[MSR02]display ip routing-table　//IPv4网络路由表
	Destinations : 14　　Routes : 14
	
	Destination/Mask　Proto　Pre Cost　　　NextHop　　　Interface
	0.0.0.0/32　　Direct　0　0　　127.0.0.1　　InLoop0
	1.1.1.1/32　　RIP　100 2　　20.23.7.2　　GE_0/0
	2.2.2.2/32　　RIP　100 1　　20.23.7.2　　GE_0/0
	3.3.3.3/32　　Direct　0　0　　127.0.0.1　　InLoop0
	20.23.6.0/24　RIP　100 1　　20.23.7.2　　GE_0/0
	20.23.7.0/24　Direct　0　0　　20.23.7.1　　GE_0/0
	20.23.7.1/32　Direct　0　0　　127.0.0.1　　InLoop0
	20.23.7.255/32　Direct　0　0　　20.23.7.1　　GE_0/0
	[MSR02]display ipv6 interface brief //查看IPv6接口统计信息
	*down: administratively down
	(s): spoofing
	Interface　　　　　　　　Physical Protocol IPv6 Address
	GigabitEthernet0/0　　　　　up　　up　　　Unassigned
	LoopBack1　　　　　　　up　　up(s)　2002:1417:701::1
	Tunnel1　　　　　　　　up　　up　　FE80::1417:701
	[MSR02]display ipv6 routing-table //查看IPv6路由表
	Destinations : 6　　Routes : 6
	Destination: 2002::/16　　　　　　　Protocol : Static
	NextHop　: ::　　　　　　　　　Preference: 60
	Interface : Tun1　　　　　　　　Cost　　: 0
	// 目的地址为 Destination: 2002::/16 的隧道路由已生效
	Destination: 2002:1417:701::/64　　　Protocol : Direct
	NextHop　: ::　　　　　　　　　Preference: 0
	Interface : Loop1　　　　　　　　Cost　　: 0
	//本地回环接口的IPv6 6to4地址
	Destination: 2002:1417:701::1/128　　Protocol : Direct
	NextHop　: ::1　　　　　　　　　Preference: 0
	Interface : InLoop0　　　　　　　Cost　　: 0
	[MSR02]display interface Tunnel 1 //查看隧道接口的详细信息
	Tunnel1
	Current state: UP
	Line protocol state: UP
	Description: Tunnel1 Interface
	Bandwidth: 64 kbps
	Maximum transmission unit: 1480
	Internet protocol processing: Disabled
	Tunnel source 20.23.7.1
	Tunnel TTL 255
	Tunnel protocol/transport IPv6/IP 6to4
	// 隧道模式为6to4隧道

设备名称	验证测试步骤

Host_1	C:\Users\Administrator>ipconfig
	Windows IP 配置
	以太网适配器 VirtualBox Host-Only Network:
	　连接特定的 DNS 后缀 . . . . :
	　IPv6 地址 . . . . : 2002:1417:601:0:503b:742d:9858:4558
	　临时 IPv6 地址 . . . . : 2002:1417:601:0:a468:1d97:4ec7:aab7
	　本地链接 IPv6 地址 . . . . : fe80::503b:742d:9858:4558%7
	　IPv4 地址 . . . . : 192.168.56.107
	　子网掩码 . . . . : 255.255.255.0
	　默认网关. . . . . : fe80::4450:6cff:fe47:105%7
	//以临时 IPv6 地址作为主机 Host _1 的 IPv6 网络通信的源地址
	C:\Users\Administrator>ping 2002:1417:701::1
	正在 Ping 2002:1417:701::1 具有 32 字节的数据:
	来自 2002:1417:701::1 的回复: 时间=3ms
	来自 2002:1417:701::1 的回复: 时间=3ms
	来自 2002:1417:701::1 的回复: 时间=3ms
	来自 2002:1417:701::1 的回复: 时间=3ms
	
	2002:1417:701::1 的 Ping 统计信息:
	　数据包: 已发送 = 4, 已接收 = 4, 丢失 = 0 (0% 丢失),
	　往返行程的估计时间(以 ms 为单位):
	　最短 = 3ms, 最长 = 3ms, 平均 = 3ms
	//对远端网络MSR02 的回环接口 IPv6 地址 2002:1417:701::1进行ICMPv6 ping测试
	C:\Users\Administrator>tracert 2002:1417:701::1
	
	通过最多 30 个跃点跟踪到 2002:1417:701::1 的路由
	
	　1　<1 ms　<1 ms　<1 ms　2002:1417:601::1
	　2　4 ms　3 ms　3 ms　2002:1417:701::1
	
	跟踪完成。
	//对远端网络MSR02 的回环接口 IPv6 地址 2002:1417:701::1跟踪路由测试
	C:\Users\Administrator>

（7）抓包分析

对 MSR01 的 GE_0/1 抓包分析，由 Host_1 主机的源地址 2002:1417:601:0:a468:1d97:4ec7:aab7 发起对 MRS02 的回环接口地址 2002:1417:701::1 的 ICMPv6 的 echo（ping）request 请求。封装类型为 MSR01-MSR02 的 IPv6 6to4 隧道，如图 14.13 所示。

```
10 67326.9892 2002:1417:601:0:a468:1d97:4ec7:aab7 2002:1417:701::1   ICMPv6   114 Echo (ping) request id=0x0001, seq=159
⊞ Internet Protocol Version 4, Src: 20.23.6.1 (20.23.6.1), Dst: 20.23.7.1 (20.23.7.1)
    Version: 4
    Header length: 20 bytes
  ⊞ Differentiated Services Field: 0x00 (DSCP 0x00: Default; ECN: 0x00: Not-ECT (Not ECN-Capable Transport))
    Total Length: 100
    Identification: 0x03ac (940)
  ⊞ Flags: 0x00
    Fragment offset: 0
    Time to live: 255
    Protocol: IPv6 (41)
  ⊞ Header checksum: 0x8295 [correct]
    Source: 20.23.6.1 (20.23.6.1)
    Destination: 20.23.7.1 (20.23.7.1)
⊟ Internet Protocol Version 6, Src: 2002:1417:601:0:a468:1d97:4ec7:aab7 (2002:1417:601:0:a468:1d97:4ec7:aab7), Dst: 2002:1417:701::1 (2002:1417:701::1)
  ⊞ 0110 .... = Version: 6
  ⊞ .... 0000 0000 .... .... .... .... .... = Traffic class: 0x00000000
    .... .... .... 0000 0000 0000 0000 0000 = Flowlabel: 0x00000000
    Payload length: 40
    Next header: ICMPv6 (0x3a)
    Hop limit: 127
    Source: 2002:1417:601:0:a468:1d97:4ec7:aab7 (2002:1417:601:0:a468:1d97:4ec7:aab7)
    [Source 6to4 Gateway IPv4: 20.23.6.1 (20.23.6.1)]
    [Source 6to4 SLA ID: 0]
    Destination: 2002:1417:701::1 (2002:1417:701::1)
    [Destination 6to4 Gateway IPv4: 20.23.7.1 (20.23.7.1)]
    [Destination 6to4 SLA ID: 0]
⊟ Internet Control Message Protocol v6
    Type: Echo (ping) request (128)
    Code: 0
    checksum: 0xa3a5 [correct]
    Identifier: 0x0001
    Sequence: 159
    [Response In: 11]
  ⊞ Data (32 bytes)
```

图14.13　封装在6to4隧道里的echo（ping）request请求

对MSR01的GE_0/1抓包分析，由MRS02的回环接口地址2002:1417:701::1对Host_1主机的源地址2002:1417:601:0:a468:1d97:4ec7:aab7的ICMPv6的echo（ping）reply回应报文。封装类型为MSR02−MSR01的IPv6 6to4隧道，如图14.14所示。

```
11 67326.9914 2002:1417:701::1                     2002:1417:601:0:a46 ICMPv6   114 Echo (ping) reply id=0x0001, seq=159
12 67328.0015 2002:1417:601:0:a468:1d97:4ec7:aab7 2002:1417:701::1   ICMPv6   114 Echo (ping) request id=0x0001, seq=160
⊟ Internet Protocol Version 4, Src: 20.23.7.1 (20.23.7.1), Dst: 20.23.6.1 (20.23.6.1)
    Version: 4
    Header length: 20 bytes
  ⊞ Differentiated Services Field: 0x00 (DSCP 0x00: Default; ECN: 0x00: Not-ECT (Not ECN-Capable Transport))
    Total Length: 100
    Identification: 0x03f4 (1012)
  ⊞ Flags: 0x00
    Fragment offset: 0
    Time to live: 254
    Protocol: IPv6 (41)
  ⊞ Header checksum: 0x834d [correct]
    Source: 20.23.7.1 (20.23.7.1)
    Destination: 20.23.6.1 (20.23.6.1)
⊟ Internet Protocol Version 6, Src: 2002:1417:701::1 (2002:1417:701::1), Dst: 2002:1417:601:0:a468:1d97:4ec7:aab7 (2002:1417:601:0:a468:1d97:4ec7:aab7)
  ⊞ 0110 .... = Version: 6
  ⊞ .... 0000 0000 .... .... .... .... .... = Traffic class: 0x00000000
    .... .... .... 0000 0000 0000 0000 0000 = Flowlabel: 0x00000000
    Payload length: 40
    Next header: ICMPv6 (0x3a)
    Hop limit: 64
    Source: 2002:1417:701::1 (2002:1417:701::1)
    [Source 6to4 Gateway IPv4: 20.23.7.1 (20.23.7.1)]
    [Source 6to4 SLA ID: 0]
    Destination: 2002:1417:601:0:a468:1d97:4ec7:aab7 (2002:1417:601:0:a468:1d97:4ec7:aab7)
    [Destination 6to4 Gateway IPv4: 20.23.6.1 (20.23.6.1)]
    [Destination 6to4 SLA ID: 0]
⊟ Internet Control Message Protocol v6
    Type: Echo (ping) reply (129)
    Code: 0
    checksum: 0xa2a5 [correct]
    Identifier: 0x0001
    Sequence: 159
    [Response To: 10]
    [Response Time: 2.205 ms]
  ⊞ Data (32 bytes)
```

图14.14　封装在6to4隧道里的echo（ping）reply回应